나 혼자 푼다

수학 문장제

막막하지 않아요~

이지스에듀

지은이 | 징검다리 교육연구소, 최순미

징검다리 교육연구소는 적은 시간을 투입해도 오래 기억에 남는 학습의 과학을 생각하는 이지스에듀의 공부 연구소입니다. 아이들이 기계적으로 공부하지 않도록, 두뇌가 활성화되는 과학적 학습 설계가 적용된 책을 만듭니다.

최순미 선생님은 징검다리 교육연구소의 대표 저자입니다. 지난 20여 년 동안 EBS, 동아출판, 디딤돌, 대교 등과 함께 100여 종이 넘는 교재 개발에 참여해 온, 초등 수학 전문 개발자입니다. 이지스에듀에서 《바빠 연산법》, 《나 혼자 푼다 바빠 수학 문장제》 시리즈를 집필, 개발했습니다.

나혼자푼다 바빠 수학 문장제 2-1

(이 책은 2017년 4월에 출간한 '나 혼자 푼다! 수학 문장제 2-1'을 새 교육과정에 맞춰 개정했습니다.)

초판 발행 2024년 5월 25일
초판 2쇄 2024년 11월 25일
지은이 징검다리 교육연구소, 최순미
발행인 이지연   **펴낸곳** 이지스퍼블리싱(주)
출판사 등록번호 제313-2010-123호   **제조국명** 대한민국
주소 서울시 마포구 잔다리로 109 이지스 빌딩 5층(우편번호 04003)
대표전화 02-325-1722   **팩스** 02-326-1723
이지스퍼블리싱 홈페이지 www.easyspub.com   **이지스에듀 카페** www.easysedu.co.kr
바빠 아지트 블로그 blog.naver.com/easyspub **인스타그램** @easys_edu
페이스북 www.facebook.com/easyspub2014   **이메일** service@easyspub.co.kr

본부장 조은미 **기획 및 책임 편집** 김현주 | 박지연, 정지연, 이지혜 **교정 교열** 방혜영 **전산편집** 이츠북스
표지 및 내지 디자인 손한나 **일러스트** 김학수, 이츠북스 **인쇄** 보광문화사 **독자지원** 박애림, 김수경
영업 및 문의 이주동, 김요한(support@easyspub.co.kr) **마케팅** 라혜주

ISBN 979-11-6303-592-3 64410
ISBN 979-11-6303-590-9(세트)
가격 12,000원

• **이지스에듀**는 이지스퍼블리싱(주)의 교육 브랜드입니다.
  (이지스에듀는 학생들을 탈락시키지 않고 모두 목적지까지 데려가는 책을 만듭니다!)

이제 문장제도 나 혼자 푼다!
막막하지 않아요! 빈칸을 채우면 저절로 완성!

:: 1학기 교과서 순서와 똑같아 효과적으로 공부할 수 있어요!

'나 혼자 푼다 바빠 수학 문장제'는 개정된 1학기 교과서의 내용과 순서가 똑같습니다. 그러므로 예습하거나 복습할 때 편리합니다. 1학기 수학 교과서 전 단원의 대표 유형을 개념이 녹아 있는 문장제로 훈련해, **이 책만 다 풀어도 1학기 수학의 기본 개념이 모두 잡힙니다!**

:: 나 혼자서 풀도록 도와주는 착한 수학 문장제 책이에요.

'나 혼자 푼다 바빠 수학 문장제'는 어떻게 하면 수학 문장제를 연산 풀듯 쉽게 풀 수 있을지 고민하며 만든 책입니다. 이 책을 미리 경험한 학부모님들은 '어려운 서술을 쉽게 알려주는 착한 문제집!', '쉽게 설명이 되어 있어 아이가 만족하며 풀어요!'라며 감탄했습니다.

이 책은 **조금씩 수준을 높여 도전하게 하는 '작은 발걸음 방식(스몰 스텝)'으로 문제를 구성**했습니다. 누구나 쉽게 도전할 수 있는 단답형 문제부터 학교 시험 문장제까지, 서서히 빈칸을 늘려 가며 풀이 과정과 답을 쓰도록 구성했습니다. 아이들은 스스로 문제를 해결하는 과정에서 성취감을 맛보게 되며, 수학에 대한 흥미를 높일 수 있습니다.

:: 수학은 혼자 푸는 시간이 꼭 필요해요!

수학은 혼자 푸는 시간이 꼭 필요합니다. 운동도 누군가 거들어 주게 되면 근력이 생기지 않듯이, 부모님의 설명을 들으며 푼다면 사고력 근육은 생기지 않습니다. 그렇다고 문제가 너무 어려우면 아이들은 혼자 풀기 힘듭니다.

'나 혼자 푼다 바빠 수학 문장제'는 쉽게 풀 수 있는 기초 문장제부터 요즘 학교 시험 스타일 문장제까지 단계적으로 구성한 책으로, **아이들이 스스로 도전하고 성취감을 맛볼 수 있습니다.** 문장제는 충분히 생각하며 한 문제라도 정확히 풀어야겠다는 마음가짐이 필요합니다. 부모님이 대신 풀어 주지 마세요! 답답해 보여도 조금만 기다려 주세요.

혼자서 문제를 해결하면 수학에 자신감이 생기고, 어느 순간 수학적 사고력도 향상되는 효과를 볼 수 있습니다. 이렇게 만들어진 **문제 해결력과 수학적 사고력은 고학년 수학을 잘할 수 있는 디딤돌이 될 거예요!**

1 교과서 대표 유형 집중 훈련!

같은 유형으로 반복 연습해서, 익숙해지도록 도와줘요!

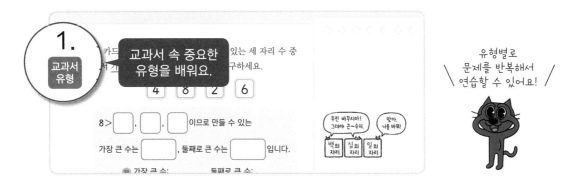

유형별로
문제를 반복해서
연습할 수 있어요!

2 혼자 푸는데도 선생님이 옆에 있는 것 같아요!

친절한 도움말이 담겨 있어요.

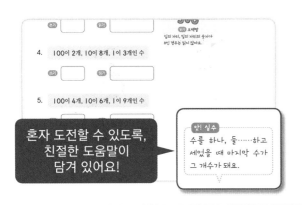

혼자 도전할 수 있도록,
친절한 도움말이
담겨 있어요!

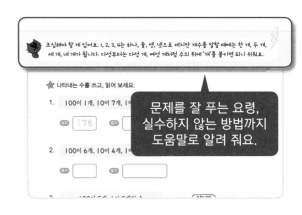

문제를 잘 푸는 요령,
실수하지 않는 방법까지
도움말로 알려 줘요.

3 문제 해결의 실마리를 찾는 훈련!

숫자에는 동그라미, 구하는 것(주로 마지막 문장)에는 밑줄을 치며 푸는 습관을 들여 보세요.
문제를 정확히 읽고 빨리 이해할 수 있습니다. 소리 내어 문제를 읽는 것도 좋아요!

숫자

1. 줄넘기를 지아는 28번, 현수는 13번 넘었습니다. 줄넘기를 더 많이 넘은 사람은 누구인가요?

구하는 것

4 나만의 문제 해결 전략 만들기!

스케치북에 낙서하듯, 포스트잇에 필기하듯 나만의 해결 전략을 만들어 쉽게 풀이를 써 봐요.

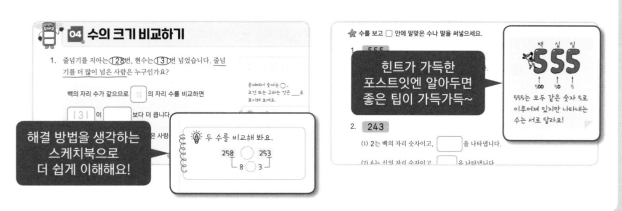

해결 방법을 생각하는 스케치북으로 더 쉽게 이해해요!

힌트가 가득한 포스트잇엔 알아두면 좋은 팁이 가득가득~

5 빈칸을 채우면 풀이는 저절로 완성!

빈칸을 따라 쓰고 채우다 보면 긴 풀이 과정도 나 혼자 완성할 수 있어요!

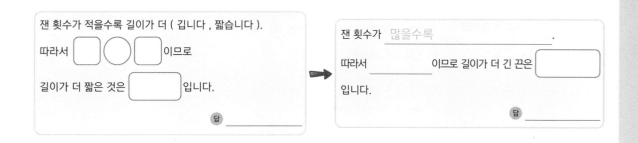

6 시험에 자주 나오는 문제로 마무리!

단원평가도 문제없어요! 각 마당마다 시험에 자주 나오는 주관식 문제를 담았어요.
실제 시험을 치르는 것처럼 풀면 학교 시험까지 준비 끝!

학교 시험 자신감 충전 완료!

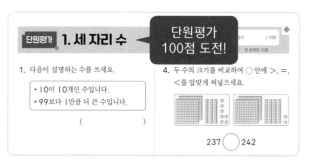

통과 문제를 풀 수 있다면 이번 마당 공부 끝!

단원평가 100점 도전!

나혼자 푼다 바빠 수학 문장제 2-1

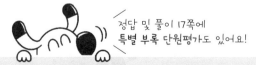

정답 및 풀이 17쪽에
특별 부록 단원평가도 있어요!

첫째 마당

세 자리 수

학교 시험
자신감 충전!

첫째 마당에서는 세 자리 수를 이용한 문장제를 배웁니다.
먼저 각 자리의 숫자가 나타내는 수를 이해해야 앞으로 배울
세 자리 수의 연산을 이해하고 문장제도 잘 풀 수 있습니다.

□□□를 채워 문장을 완성하면, 학교 시험 자신감 충전 완료!

01 백, 몇백, 세 자리 수

⭐ ☐ 안에 알맞은 수를 써넣으세요.

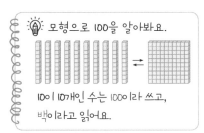

💡 모형으로 100을 알아봐요.

100이 10개인 수는 100이라 쓰고, 백이라고 읽어요.

1. 10이 10개이면 ☐ 입니다.

2. 100은 90보다 ☐ 만큼 더 큰 수입니다.

3. 99보다 1만큼 더 큰 수는 | 100 | 입니다.

4. ☐ 은 80보다 20만큼 더 큰 수입니다.

5. 100이 4개이면 ☐ 입니다.

100이 ■개이면 ■00이라 쓰고, ■백이라고 읽어요.

6. 100이 ☐ 개이면 700입니다.

7. 649는 100이 ☐ 개, 10이 4개, 1이 ☐ 개입니다.

백의 자리	십의 자리	일의 자리
6	4	9

6   0   0 - 100이 6개
    4   0 - 10이 4개
       9 - 1이 9개

8. 100이 2개
   10이 7개 ⎫이면 ☐ 입니다.
   1이 4개 ⎭

9. 100이 9개
   10이 2개 ⎫이면 ☐ 입니다.
   1이 5개 ⎭

⭐ 나타내는 수를 쓰고, 읽어 보세요.

1.

   100이 1개, 10이 7개, 1이 8개인 수

   쓰기 [178]   읽기 (백칠십팔)

2. 100이 6개, 10이 4개, 1이 5개인 수

   쓰기 [   ]   읽기 (   )

3. 100이 5개, 1이 8개인 수

   쓰기 [   ]   읽기 (   )

난 읽지 않아!
오백공팔이 아니야!!
508
읽기 오백팔
십의 자리, 일의 자리의 숫자가
0인 경우는 읽지 않아요.

4. 100이 2개, 10이 8개, 1이 3개인 수

   쓰기 [   ]   읽기 (   )

5. 100이 4개, 10이 6개, 1이 9개인 수

   쓰기 [   ]   읽기 (   )

6. 100이 9개, 10이 3개인 수

   쓰기 [   ]   읽기 (   )

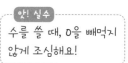

앗! 실수
수를 쓸 때, 0을 빼먹지
않게 조심해요!

문제에서 숫자는 ◯,
조건 또는 구하는 것은 ___로
표시해 보세요.

1. 색종이가 한 상자에 ⟨100⟩장씩 들어 있습니다. ⟨8⟩상자에는
   <u>색종이가 모두 몇 장</u> 들어 있나요?

   100이 8개이면 ☐ 이므로 8상자에는 색종이가 모

   두 ☐ 장 들어 있습니다.

   답 ＿＿＿＿＿＿

2. 색종이가 한 상자에 10장씩 들어 있습니다. 50상자에는
   색종이가 모두 몇 장 들어 있나요?

   10이 50개이면 ☐ 이므로 ☐ 상자에는

   ☐ 가 모두 ☐ 장 들어 있습니다.

   답 ＿＿＿＿＿＿

3. 배가 한 상자에 10개씩 70상자 있습니다. 배는 모두 몇 개
   있나요?

   답 ＿＿＿＿＿＿

위에서 연습한
대로 차근차근 문제를
풀어 봐요!

1. 100원짜리 동전이 ⑤개, 10원짜리 동전이 ⑥개, 1원짜리 동전이 ②개 있습니다. 동전은 모두 얼마인가요?

100원짜리 동전이 5개이면 ⬜ 원, 10원짜리 동전이

6개이면 ⬜ 원, 1원짜리 동전이 ⬜ 개이면 ⬜ 원

입니다.

따라서 동전은 모두 ⬜ 원입니다.

답 _____

✎ 각각의 동전을 하나씩 확인해 봐요.

🪙 100 동전 5 개 → 500 원
🪙 10 동전 6 개 → 60 원
🪙 1 동전 2 개 → 2 원
_____
562 원

2. 도화지가 100장씩 7묶음, 10장씩 8묶음, 낱장으로 4장 있습니다. 도화지는 모두 몇 장인가요?

100장씩 7묶음이면 ⬜ 장, 10장씩 ⬜ 묶음이면

⬜ 장이고, 낱장이 ⬜ 장입니다.

따라서 도화지는 모두 ⬜ 장입니다.

답 _____

3. 사탕이 100개씩 4상자, 10개씩 2상자, 낱개로 9개 있습니다. 사탕은 모두 몇 개인가요?

답 _____

😊 위에서 연습한 대로 차근차근 문제를 풀어 봐요!

1. ⟨100⟩원짜리 동전이 ⑤개, ⟨10⟩원짜리 동전이 ⟨13⟩개이면 <u>동</u>
<u>전은 모두 얼마인가요?</u>

문제에서 숫자는 ◯,
조건 또는 구하는 것은 _____로
표시해 보세요.

10이 ■▲개인 수는
100이 ■개,
10이 ▲개인 수와 같아요.

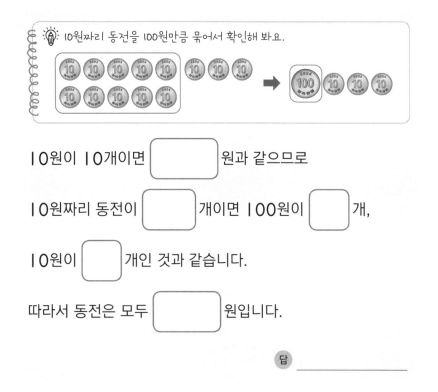

:bulb: 10원짜리 동전을 100원만큼 묶어서 확인해 봐요.

10원이 10개이면 [   ] 원과 같으므로

10원짜리 동전이 [   ] 개이면 100원이 [   ] 개,

10원이 [   ] 개인 것과 같습니다.

따라서 동전은 모두 [   ] 원입니다.

답 _____

2. 100원짜리 동전이 3개, 10원짜리 동전이 2개, 1원짜리
동전이 12개이면 동전은 모두 얼마인가요?

1원이 10개이면 [   ] 원과 같으므로

1원짜리 동전이 [   ] 개이면 10원이 [   ] 개,

1원이 [   ] 개인 것과 같습니다.

따라서 동전은 모두 [   ] 원입니다.

:pencil2: 각각의 동전을 하나씩 확인해 봐요.

100 동전 [3] 개 → [   ] 원

10 동전 [2] 개 → [   ] 원

1 동전 [12] 개 → [   ] 원

[   ] 원

답 _____

02 각 자리의 숫자가 나타내는 수

⭐ 수를 보고 ☐ 안에 알맞은 수나 말을 써넣으세요.

1. **555**

   (1) 백의 자리 숫자 5는 [500]을 나타냅니다.

   (2) 십의 자리 숫자 5는 [　　]을 나타냅니다.

   (3) 일의 자리 숫자 5는 [　　]를 나타냅니다.

백　십　일
555
↑　↑　↑
500　50　5

555는 모두 같은 숫자 5로
이루어져 있지만 나타내는
수는 서로 달라요!

2. **243**

   (1) 2는 백의 자리 숫자이고, [　　]을 나타냅니다.

   (2) 4는 십의 자리 숫자이고, [　　]을 나타냅니다.

   (3) 3은 [　　]의 자리 숫자이고, [　　]을 나타냅니다.

3. **617**

   (1) 6은 [백]의 자리 숫자이고, [　　]을 나타냅니다.

   (2) 1은 십의 자리 숫자이고, [　　]을 나타냅니다.

   (3) 7은 일의 자리 숫자이고, [　　]을 나타냅니다.

4. **459**

   (1) 4는 [　　]의 자리 숫자이고, [　　]을 나타냅니다.

   (2) 5는 [　　]의 자리 숫자이고, [　　]을 나타냅니다.

   (3) 9는 일의 자리 숫자이고, [　　]를 나타냅니다.

⭐ 밑줄 친 숫자는 얼마를 나타내는지 쓰세요.

1. 1<u>6</u>2 → 60

162
100 + 60 + 2

2. 4<u>3</u>8 → _____

3. <u>5</u>19 → _____

4. 6<u>9</u>4 → _____

5. 3<u>7</u>4 → _____

6. <u>2</u>73 → _____

⭐ 다음 수를 읽고, ㉠과 ㉡이 나타내는 수를 각각 구하세요.

숫자는 모두 같지만 자리에 따라 나타내는 수는 모두 달라요!

7. 2<u>2</u><u>2</u>
   ㉠ ㉡

   읽기 _____, ㉠ _____, ㉡ _____

8. 7<u>7</u><u>7</u>
   ㉠ ㉡

   읽기 _____, ㉠ _____, ㉡ _____

9. 9<u>9</u><u>9</u>
   ㉠ ㉡

   읽기 _____, ㉠ _____, ㉡ _____

1. 백의 자리 숫자가 4, 십의 자리 숫자가 5, 일의 자리 숫자가 2인 세 자리 수는 얼마인가요?

    _____

2. 백의 자리 숫자가 2, 십의 자리 숫자가 8, 일의 자리 숫자가 7인 세 자리 수는 얼마인가요?

    _____

3. 백의 자리 숫자가 7, 십의 자리 숫자가 1, 일의 자리 숫자가 6인 세 자리 수는 얼마인가요?

    _____

4. 백의 자리 숫자가 1, 십의 자리 숫자가 9, 일의 자리 숫자가 8인 세 자리 수는 얼마인가요?

    _____

5. 백의 자리 숫자가 5, 십의 자리 숫자가 9, 일의 자리 숫자가 4인 세 자리 수를 쓰고, 읽어 보세요.

 쓰기 _____   읽기 _____

⭐ 설명하는 세 자리 수는 얼마인가요? ❶

1.

> • 백의 자리 숫자는 **5**입니다.   ❷
>
> • **329**와 십의 자리 숫자가 같습니다.   ❸
>
> • **748**과 일의 자리 숫자가 같습니다.   ❹

🖉 조건을 하나씩 확인해 봐요.

           백 십 일

❶ 세 자리 수 → ☐☐☐

❷ 백의 자리 숫자 5 → 5 ☐☐

❸ 329의 십의 자리 숫자: 2 → 5 2 ☐

❹ 748의 일의 자리 숫자: 8 → 5 2 8

_____

2.

> • **207**과 백의 자리 숫자가 같습니다.   ❷
>
> • **163**과 십의 자리 숫자가 같습니다.   ❸
>
> • 일의 자리 숫자는 **4**입니다.   ❹

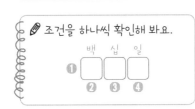

🖉 조건을 하나씩 확인해 봐요.

백 십 일

❶ ☐☐☐

❷ ❸ ❹

_____

3.

> • **694**와 백의 자리 숫자가 같습니다.
>
> • 십의 자리 숫자는 **7**입니다.
>
> • 일의 자리 숫자는 백의 자리 숫자와 같습니다.

_____

1. 설명하는 세 자리 수의 일의 자리 숫자는 얼마인가요?

> • 백의 자리 숫자는 십의 자리 숫자보다 **3**만큼 더 큽니다.
> • 십의 자리 숫자는 **5**입니다.
> • 일의 자리 숫자는 백의 자리 숫자보다 **2**만큼 더 작습니다.

십의 자리 숫자가 ☐ 이므로 백의 자리 숫자는 ☐ 보다

3만큼 더 큰 수인 ☐ 입니다. 따라서 일의 자리 숫자는

☐ 보다 **2**만큼 더 작은 수인 ☐ 입니다.

답 _____

2. 설명하는 세 자리 수의 십의 자리 숫자는 얼마인가요?

> • 백의 자리 숫자는 일의 자리 숫자보다 **2**만큼 더 작습니다.
> • 십의 자리 숫자는 백의 자리 숫자보다 **5**만큼 더 큽니다.
> • 일의 자리 숫자는 **4**입니다.

일의 자리 숫자가 ☐ 이므로 백의 자리 숫자는 ☐ 보

다 ☐ 만큼 더 ☐ 수인 ☐ 입니다.

따라서 ☐ 의 자리 숫자는 ☐ 보다 ☐ 만큼 더

☐ 수인 ☐ 입니다.

답 _____

문제에서 숫자는 ◯,
조건 또는 구하는 것은 ___로
표시해 보세요.

백	십	일
☐	☐	☐

백	십	일
☐	☐	☐

03 뛰어 세기

⭐ 100씩 뛰어 세어 보세요.  100씩 뛰어 세면 백의 자리 숫자만 1씩 커져요.

1. 205 — 305 — 405 — ☐ — ☐ — 705 — ☐

2. 148 — 248 — 348 — ☐ — 548 — ☐ — ☐

3. 367 — ☐ — ☐ — 667 — ☐ — ☐ — 967

⭐ 10씩 뛰어 세어 보세요. 10씩 뛰어 세면 십의 자리 숫자만 1씩 커져요.

4. 526 — ☐ — 546 — ☐ — 566 — 576 — ☐

5. 374 — 384 — ☐ — 404 — ☐ — ☐ — 434

6. 841 — ☐ — ☐ — ☐ — 881 — ☐ — 901

⭐ 1씩 뛰어 세어 보세요. 1씩 뛰어 세면 일의 자리 숫자만 1씩 커져요.

7. 435 — 436 — ☐ — 438 — ☐ — ☐ — ☐

8. 719 — ☐ — ☐ — ☐ — 723 — ☐ — 725

9. 927 — ☐ — 929 — ☐ — ☐ — 932 — ☐

⭐ 빈칸이나 ☐ 안에 알맞은 수나 말을 써넣으세요.

1.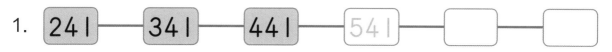

241 — 341 — 441 — 541 — ☐ — ☐

백의 자리 숫자가 1씩 커지므로 ☐ 씩 뛰어 세었습니다.

539보다 1만큼 더 큰 수야~

2. 536 — 537 — ☐ — 539 — ☐ — 541

일의 자리 숫자가 ☐ 씩 커지므로 ☐ 씩 뛰어 세었습니다.

3.

184 — 194 — ☐ — ☐ — 224 — ☐

십의 자리 숫자가 ☐ 씩 커지므로 ☐ .

4.

925 — ☐ — 725 — ☐ — ☐ — 425

백의 자리 숫자가 ☐ 씩 작아지므로 ☐ 씩 거꾸로 뛰어 세었습니다.

5.

763 — 762 — ☐ — ☐ — 759 — ☐

일의 자리 숫자가 ☐ 씩 작아지므로 ☐ 씩 ☐ 뛰어 세었습니다.

6.

380 — ☐ — ☐ — 350 — ☐ — 330

십의 자리 숫자가 ☐ 씩 작아지므로 ☐ 씩 ☐ .

1. 284에서 10씩 3번 뛰어 센 수를 구하세요.

➡ 284에서 10씩 3번 뛰어 센 수는 ⬚ 입니다.

2. 315에서 100씩 4번 뛰어 센 수를 구하세요.

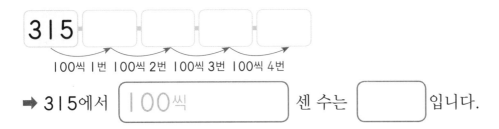

➡ 315에서 100씩 ⬚ 센 수는 ⬚ 입니다.

3. 852에서 10씩 4번 거꾸로 뛰어 센 수를 구하세요.

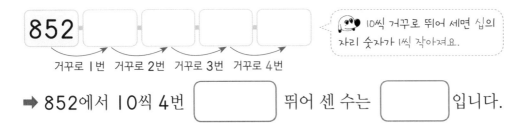

➡ 852에서 10씩 4번 ⬚ 뛰어 센 수는 ⬚ 입니다.

4. 137에서 1씩 6번 거꾸로 뛰어 센 수를 구하세요.

➡ 137에서 ⬚ 센 수는 ⬚ 입니다.

1. 어떤 수에서 ⟨10씩 4번⟩ 뛰어 세었더니 ⟨283⟩이 되었습니다.
   어떤 수는 얼마인가요?

문제에서 숫자는 ○ ,
조건 또는 구하는 것은 ___로
표시해 보세요.

```
        4번      3번      2번   10씩 거꾸로 1번
 어떤 수 [    ]  [    ]  [    ]    283
       10씩 1번   2번      3번      4번
```

어떤 수는 283에서 [   ]씩 [   ]번 거꾸로 뛰어 센 수

와 같습니다. [   ]씩 거꾸로 뛰어 세면 [   ]의 자리 숫

자가 [   ]씩 (작아집니다 , 커집니다).

따라서 어떤 수는 [   ]입니다.

답 _____

2. 어떤 수에서 100씩 3번 뛰어 세었더니 746이 되었습니
   다. 어떤 수는 얼마인가요?

어떤 수는 746에서 [   ]씩 [   ]번 거꾸로 뛰어 센

수와 같습니다. [   ]씩 [   ] 뛰어 세면

[   ]의 자리 숫자가 [   ]씩 [   ].

```
          3번      2번   100씩 거꾸로 1번
 어떤 수 [    ]  [    ]    746
       100씩 1번   2번      3번
```

따라서 어떤 수는 [   ]입니다.

답 _____

04 수의 크기 비교하기

1. 줄넘기를 지아는 ⟨128⟩번, 현수는 ⟨131⟩번 넘었습니다. 줄넘기를 더 많이 넘은 사람은 누구인가요?

   백의 자리 수가 같으므로 [십]의 자리 수를 비교하면

   [131]이 [   ] 보다 더 큽니다.

   따라서 줄넘기를 더 [   ] 넘은 사람은 [   ] 입니다.

   답 _____

문제에서 숫자는 ◯,
조건 또는 구하는 것은 ＿＿로
표시해 보세요.

두 수를 비교해 봐요.
128 < 131
2 < 3

더 큰 수로
입을 벌려요!

2. 밤을 준서는 ⟨258⟩개 줍고, 효주는 ⟨253⟩개 주웠습니다. 밤을 더 적게 주운 사람은 누구인가요?

   백의 자리 수, 십의 자리 수가 같으므로 [일]의 자리 수를

   비교하면 253이 [   ].

   따라서 밤을 더 [   ] 주운 사람은 [   ] 입니다.

   답 _____

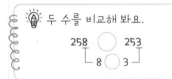

두 수를 비교해 봐요.
258 ◯ 253
8 ◯ 3

3. 도서관에 과학책이 316권, 동시집이 287권 있습니다. 과학책과 동시집 중 도서관에 더 많은 책은 무엇인가요?

   백의 자리 수를 비교하면

   답 _____

위에서 연습한
대로 차근차근 문제를
풀어 봐요!

1. 가장 큰 수를 쓴 사람은 누구인가요?

서진 342   민혁 243   지훈 423

◻ 의 자리 수를 비교하여 가장 큰 수부터 차례로 쓰면

◻ , ◻ , ◻ 입니다.

따라서 가장 ◻ 수를 쓴 사람은 ◻ 입니다.

답 _____

나부터 비교하면 돼.
내가 클수록 큰~ 수야.

백의 자리 십의 자리 일의 자리

2. 세 초등학교의 학생 수를 나타낸 것입니다. 학생 수가 가장 적은 초등학교는 어느 초등학교인가요?

푸른 초등학교	노란 초등학교	보라 초등학교
573	592	569

◻ 의 자리 수가 모두 같으므로 ◻ 의 자리 수를 비교하여 가장 작은 수부터 차례로 쓰면

◻ , ◻ , ◻ 입니다.

따라서 학생 수가 가장 ◻ 초등학교는

◻ 초등학교입니다.

답 _____

내가 같으면

나를 비교해 봐~

백의 자리 십의 자리 일의 자리

1. 수 카드 ③ , ⑧ , ① 을 한 번씩만 사용하여 만들 수 있는 세 자리 수 중에서 <u>가장 큰 수</u>와 <u>가장 작은 수</u>를 각각 구하세요.

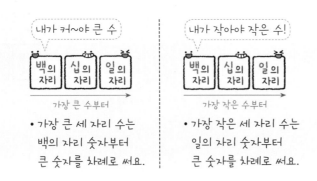

수 카드에 적힌 숫자의 크기를 비교하면

☐ > ☐ > ☐ 이므로 만들 수 있는 가장 큰 수는

☐ , 가장 작은 수는 ☐ 입니다.

답 가장 큰 수: ＿＿＿＿＿＿ , 가장 작은 수: ＿＿＿＿＿＿

2. 수 카드 ② , ⑦ , ⑤ 를 한 번씩만 사용하여 만들 수 있는 세 자리 수 중에서 가장 큰 수와 가장 작은 수를 각각 구하세요.

수 카드에 적힌 숫자의 크기를 비교하면

＿＿＿ > ＿＿＿ > ＿＿＿ 이므로 만들 수 있는 가장 큰 수는

☐ , 가장 작은 수는 ☐ 입니다.

답 가장 큰 수: ＿＿＿＿＿＿ , 가장 작은 수: ＿＿＿＿＿＿

1. 수 카드를 한 번씩만 사용하여 만들 수 있는 세 자리 수 중에서 가장 큰 수와 둘째로 큰 수를 각각 구하세요.

〔교과서 유형〕

| 4 | 8 | 2 | 6 |

8 > ☐ > ☐ > ☐ 이므로 만들 수 있는

가장 큰 수는 ☐ , 둘째로 큰 수는 ☐ 입니다.

답 가장 큰 수: _____ , 둘째로 큰 수: _____

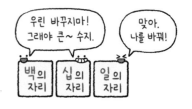

2. 수 카드를 한 번씩만 사용하여 만들 수 있는 세 자리 수 중에서 가장 작은 수와 둘째로 작은 수를 각각 구하세요.

〔교과서 유형〕

| 0 | 3 | 1 | 9 |

0 < ☐ < ☐ < ☐ 이고, 세 자리 수를 만들 때

☐ 의 자리에는 숫자 ☐ 이 올 수 없으므로 가장 작은

수는 ☐ , 둘째로 작은 수는 ☐ 입니다.

답 가장 작은 수: _____ , 둘째로 작은 수: _____

 세 자리 수

점수   / 100

한 문제당 10점

1. 100이 1개, 10이 2개, 1이 17개
   인 수를 쓰세요.

   (   )

2. 피자빵이 100개씩 2상자, 10개씩
   7상자, 낱개로 15개 있습니다. 피자
   빵은 모두 몇 개인가요?

   (   )

3. ㉠이 나타내는 수는 ㉡이 나타내는
   수의 몇 배인가요?

   5 5 5
   ㉠ ㉡   (   )

4. 백의 자리 숫자가 6, 십의 자리 숫자
   가 3, 일의 자리 숫자가 4인 세 자리
   수는 얼마인가요?

   (   )

5. 다음에서 설명하는 세 자리 수는 얼
   마인가요?

   > • 십의 자리 숫자는 3입니다.
   > • 백의 자리 숫자는 십의 자리 숫
   >   자보다 5만큼 더 큰 수입니다.
   > • 일의 자리 숫자는 백의 자리 숫
   >   자보다 4만큼 더 작은 수입니다.

   (   )

6. 763에서 10씩 5번 뛰어서 센 수를
   구하세요.

   (   )

7. 어떤 수에서 1씩 6번 뛰어서 세었더
   니 138이 되었습니다. 어떤 수는 얼
   마인가요?

   (   )

8. 밤을 준우는 345개, 현주는 351개
   주웠습니다. 밤을 더 많이 주운 사람
   은 누구인가요?

   (   )

9. 보라 초등학교 도서관에 동화책이
   169권, 위인전이 203권, 역사책이
   182권 새로 들어 왔습니다. 가장 적
   게 들어 온 책은 무슨 책인가요?

   (   )

10. 수 카드를 한 번씩만 사용하여 만들 수
    있는 세 자리 수 중에서 둘째로 큰 수
    와 둘째로 작은 수를 각각 구하세요.

    4 6 1 8

    둘째로 큰 수 (   )

    둘째로 작은 수 (   )

둘째 마당

여러 가지 도형

학교 시험
자신감 충전!

둘째 마당에서는 삼각형, 사각형, 원을 배웁니다.
여러 가지 도형의 특징을 말로 표현하고 쓰면서 익혀 보세요.

☐를 채워 문장을 완성하면, 학교 시험 자신감 충전 완료!

🚩 공부한 날짜

05 삼각형, 사각형, 원

⭐ 다음과 같은 도형의 이름을 쓰세요.

1.

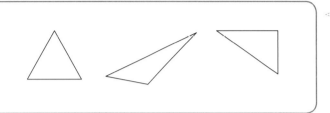

곧은 선 3개로 이루어진 모양

_____

2.

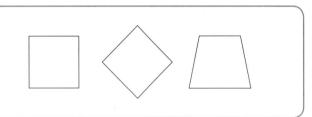

곧은 선 4개로 이루어진 모양

_____

3.

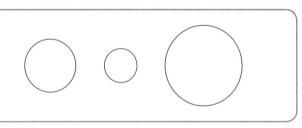

곧은 선, 뾰족한 부분이 없는 어느 곳에서 보아도 완전히 둥근 모양

_____

⭐ □ 안에 알맞은 말을 써넣으세요.

4.

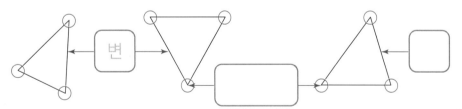

변은 곧은 선이고, 꼭짓점은 곧은 선 2개가 만나는 점이에요.

5.

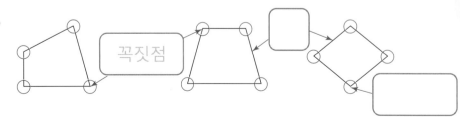

⭐ 그림을 보고 물음에 답하세요.

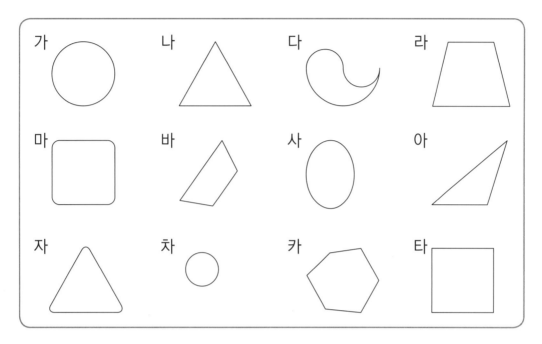

1. 삼각형을 모두 찾아 기호를 쓰세요.

 둥근 부분이 있으면 삼각형이 아니에요.

_____

2. 사각형을 모두 찾아 기호를 쓰세요.

 둥근 부분이 있으면 사각형이 아니에요.

_____

3. 원을 모두 찾아 기호를 쓰세요.   어디서 보아도 완전히 둥근 모양이 아니에요.

_____

1. <u>㉠과 ㉡의 합을 구하세요.</u>   ↗덧셈

> • 삼각형의 꼭짓점은 ㉠개입니다.
> • 사각형의 변은 ㉡개입니다.

문제에서
조건 또는 구하는 것을 ____로
표시해 보세요.

삼각형은 꼭짓점이 ☐개이므로 ㉠=☐이고,

사각형은 변이 ☐개이므로 ㉡=☐입니다.

따라서 ㉠과 ㉡의 합은 ☐ + ☐ = ☐입니다.

답 _____

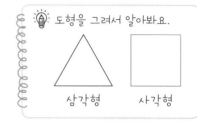

💡 도형을 그려서 알아봐요.

삼각형   사각형

---

2. <u>㉠과 ㉡의 차를 구하세요.</u>   ↗큰 수에서 작은 수를 빼요.

> • 사각형과 원의 꼭짓점은 모두 ㉠개입니다.
> • 삼각형과 사각형의 변은 모두 ㉡개입니다.

사각형은 꼭짓점이 ☐개이고, ☐은 꼭짓점이 없으므

로 ㉠=☐입니다.

💡 도형을 그려서 알아봐요.

사각형   삼각형   원

삼각형의 ☐변☐은 ☐개, 사각형의 ☐은 ☐개로

㉡= _____입니다.

따라서 ㉠과 ㉡의 ☐는 _____입니다.

답 _____

1. 오른쪽 도형에서 찾을 수 있는 크고
   작은 삼각형은 모두 몇 개인가요?

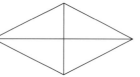

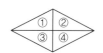
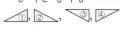

가장 작은 삼각형 1개짜리: ☐ 개

가장 작은 삼각형 2개짜리: ☐ 개

➡ ☐ + ☐ = ☐ (개)

 답 _____

2. 오른쪽 도형에서 찾을 수 있는 크고
   작은 사각형은 모두 몇 개인가요?

가장 작은 사각형 1개짜리: ☐ 개

가장 작은 사각형 2개짜리: ☐ 개

가장 작은 사각형 4개짜리: ☐ 개

➡ ☐ + ☐ + ☐ = ☐ (개)

가장 작은 사각형을 기준
으로 생각해 봐요.

①	②
③	④

답 _____

06 쌓은 모양 알아보기

⭐ 그림과 똑같은 모양으로 쌓으려면 필요한 쌓기나무는 모두 몇 개인지 구하세요.

1.
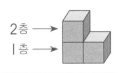
2층 ⟶
1층 ⟶

1층: [2] 개, 2층: [ ] 개

➡ 필요한 쌓기나무의 개수: [ ] 개

2.

1층: [ ] 개, 2층: [ ] 개

➡ 필요한 쌓기나무의 개수: [ ] 개

3.

1층: [ ] 개, 2층: [ ] 개

➡ 필요한 쌓기나무의 개수: [ ] 개

4.

1층: [ ] 개, 2층: [ ] 개

➡ 필요한 쌓기나무의 개수: [ ] 개

5.
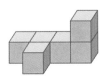

1층: [ ] 개, 2층: [ ] 개

➡ 필요한 쌓기나무의 개수: [ ] 개

6.

1층: [ ] 개, 2층: [ ] 개

➡ 필요한 쌓기나무의 개수: [ ] 개

⭐ 주어진 설명에 맞게 색칠해 보세요.

1.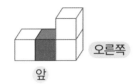
앞 오른쪽

- 빨간색 쌓기나무의 오른쪽에 노란색 쌓기나무
- 노란색 쌓기나무의 위에 파란색 쌓기나무

쌓기나무 위치의 방향은 '나'를 기준으로 생각해요.
내가 보고 있는 방향이 앞쪽, 내 오른손이 있는 쪽이 오른쪽이에요.
왼쪽 오른쪽

2.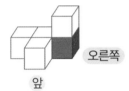
앞 오른쪽

- 빨간색 쌓기나무의 왼쪽에 노란색 쌓기나무
- 노란색 쌓기나무의 앞에 파란색 쌓기나무

3.
앞 오른쪽

- 빨간색 쌓기나무의 뒤에 노란색 쌓기나무
- 노란색 쌓기나무의 왼쪽에 파란색 쌓기나무

4.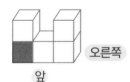
앞 오른쪽

- 빨간색 쌓기나무의 위에 노란색 쌓기나무
- 빨간색 쌓기나무의 오른쪽에 파란색 쌓기나무

5.
앞 오른쪽

- 빨간색 쌓기나무의 왼쪽에 노란색 쌓기나무
- 빨간색 쌓기나무의 오른쪽에 파란색 쌓기나무

☆ 쌓기나무로 쌓은 모양에 대한 설명입니다. 알맞은 말에 ○를 하고, ☐ 안에 알맞은 수나 말을 써넣으세요.

1.

쌓기나무 ☐ 개가 옆으로 나란히 있고, (왼쪽 , 오른쪽)

쌓기나무 위에 쌓기나무 ☐ 개가 있습니다.

2.

쌓기나무 ☐ 개가 옆으로 나란히 있고, 왼쪽 쌓기나무

(앞 , 뒤)에 쌓기나무 ☐ 개가 있습니다.

3.

(ㄷ자 , 계단) 모양으로 1층에 ☐ 개, 2층에 ☐ 개,

3층에 ☐ 개가 있습니다.

4.

1층에 쌓기나무 ☐ 개가 옆으로 나란히 있고,

☐ 쌓기나무 위에 쌓기나무 ☐ 개가 있습니다.

5.

쌓기나무 ☐ 개가 옆으로 나란히 있고, 가운데 쌓기나무

☐ 에 쌓기나무 ☐ 개가 있습니다.

1. 윤지와 진우가 쌓기나무로 만든 모양입니다. 쌓기나무 ⑤개로 만든 사람은 누구인가요?

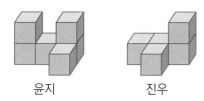

윤지   진우

문제에서 숫자는 ◯,
조건 또는 구하는 것은 ____로
표시해 보세요.

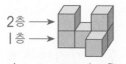

2층 ➡
1층 ➡

1층부터 차례로 몇 개를 쌓았는지 세어 봐요.

사용한 쌓기나무의 개수를 층별로 구합니다.

윤지: 1층 ☐ 개, 2층 ☐ 개 ➡ ☐ 개

진우: 1층 ☐ 개, 2층 ☐ 개 ➡ ☐ 개

따라서 쌓기나무 ☐ 개로 만든 사람은 ☐ 입니다.

답 _____

2. 민수와 보혜가 쌓기나무로 만든 모양입니다. 쌓기나무 6개로 만든 사람은 누구인가요?

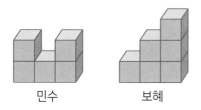

민수   보혜

사용한 쌓기나무의 개수를 층별로 구합니다.

민수: 1층 ☐ 개, 2층 ☐ 개 ➡ ☐

보혜: 1층 ☐ 개, 2층 ☐ 개, 3층 ☐ 개 ➡ ☐

따라서 쌓기나무 ☐ 개로 만든 사람은 ☐ 입니다.

답 _____

07. 똑같은 모양, 여러 가지 모양으로 쌓기

1. 쌓기나무 **3**개로 만든 모양을 모두 찾아 기호를 써 보세요.

> 1층부터 차례로 몇 개를
> 쌓았는지 세어 봐요.

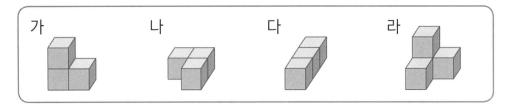

가　　나　　다　　라

_____

2. 쌓기나무 **4**개로 만든 모양을 모두 찾아 기호를 써 보세요.

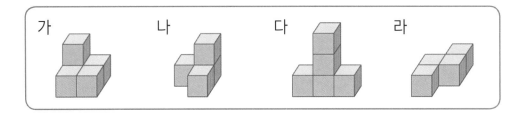

가　　나　　다　　라

_____

3. 쌓기나무 **5**개로 만든 모양을 모두 찾아 기호를 써 보세요.

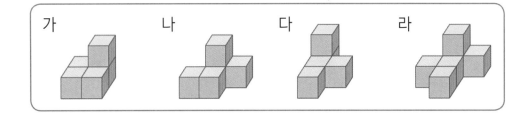

가　　나　　다　　라

_____

4. 쌓기나무 **6**개로 만든 모양을 모두 찾아 기호를 써 보세요.

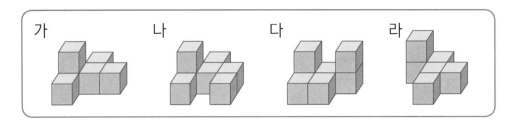

가　　나　　다　　라

_____

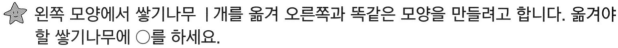

⭐ 왼쪽 모양에서 쌓기나무 1개를 옮겨 오른쪽과 똑같은 모양을 만들려고 합니다. 옮겨야 할 쌓기나무에 ○를 하세요.

1.
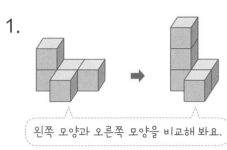

왼쪽 모양과 오른쪽 모양을 비교해 봐요.

2.
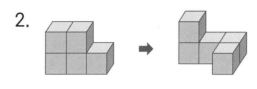

3.
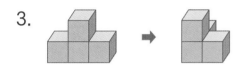

4.
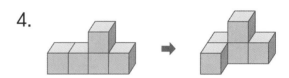

5.
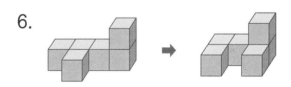

6.

7.
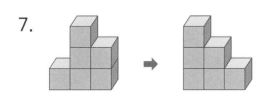

8.
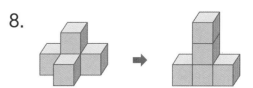

문제에서
조건 또는 구하는 것을 ____로
표시해 보세요.

1. 현주랑 경호가 쌓기나무로 다음과 같은 모양을 만들었습니다. <u>쌓기나무를 더 많이 사용한 사람은 누구인가요?</u>

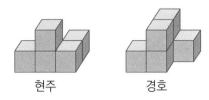

현주   경호

사용한 쌓기나무의 개수를 구하면

현주는 1층에 ⬜ 개, 2층에 ⬜ 개로 모두 ⬜ 개,

경호는 1층에 ⬜ 개, 2층에 ⬜ 개로 모두 ⬜ 개 사용했습니다.

따라서 쌓기나무를 더 많이 사용한 사람은 ⬜ 입니다.

답 _____

✏ 현주와 경호가 사용한
쌓기나무의 개수를 비교해 봐요.
현주   경호
⬜ ◯ ⬜

2. 재성이와 다예가 쌓기나무로 다음과 같은 모양을 만들었습니다. 쌓기나무를 더 많이 사용한 사람은 누구인가요?

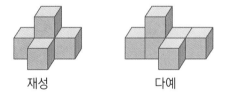

재성   다예

사용한 쌓기나무의 개수를 구하면

재성이는 _____ ,

다예는 _____ 사용했습니다.

따라서 쌓기나무를 더 많이 사용한 사람은 ⬜ 입니다.

답 _____

✏ 재성이와 다예가 사용한 쌓기
나무의 개수를 비교해 봐요.
재성   다예
⬜ ◯ ⬜

1. 왼쪽 모양에 쌓기나무 몇 개를 더 쌓아 오른쪽 모양과 똑같이 만들려고 합니다. 쌓기나무는 몇 개 더 필요한가요?

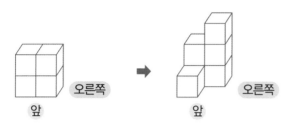

오른쪽 모양과 똑같아지려면 왼쪽 모양에서

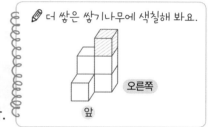
더 쌓은 쌓기나무에 색칠해 봐요.

왼쪽 쌓기나무 (앞 , 뒤)에 ⬜ 개,

오른쪽 쌓기나무 (위 , 아래)에 ⬜ 개를 더 놓아야 합니다.

따라서 쌓기나무는 ⬜ + ⬜ = ⬜ (개) 더 필요합니다.

답 _____

2. 왼쪽 모양에 쌓기나무 몇 개를 더 쌓아 오른쪽 모양과 똑같이 만들려고 합니다. 쌓기나무는 몇 개 더 필요한가요?

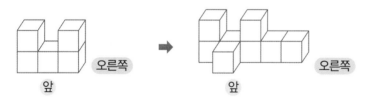

오른쪽 모양과 똑같아지려면 왼쪽 모양에서

더 쌓은 쌓기나무에 색칠해 봐요.

가운데 쌓기나무 ⬜ 에 ⬜ 개, 오른쪽 쌓기나무

⬜ 에 ⬜ 개를 더 놓아야 합니다.

따라서 쌓기나무는 ⬜ + ⬜ = ⬜ (개) 더 필요합니다.

답 _____

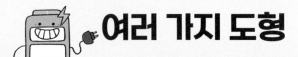 여러 가지 도형

점수   / 100

1. ☐ 안에 알맞은 말을 써넣으세요. (10점)

> 삼각형의 곧은 선을 ☐ 이라 하고, 삼각형의 두 곧은 선이 만나는 점을 ☐ 이라고 합니다.

2. 변이 4개, 꼭짓점이 4개인 도형의 이름을 쓰세요. (10점)

(   )

3. 어느 쪽에서 보아도 똑같이 동그란 모양의 도형의 이름을 쓰세요. (10점)

(   )

4. ㉠과 ㉡의 합을 구하세요. (10점)

> • 사각형의 꼭짓점은 ㉠개입니다.
> • 삼각형의 변은 ㉡개입니다.

(   )

5. 오른쪽 도형에서 찾을 수 있는 크고 작은 사각형은 모두 몇 개인가요? (10점)

(   )

6. 오른쪽과 똑같은 모양으로 쌓으려면 쌓기나무는 몇 개 필요한가요? (10점)

(   )

7. 왼쪽 모양에서 쌓기나무를 1개 옮겨 오른쪽과 똑같은 모양을 만들 때, 옮겨야 할 쌓기나무의 기호를 쓰세요. (10점)

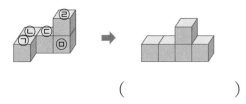

(   )

8. 쌓기나무를 더 많이 사용한 사람은 누구인가요? (10점)

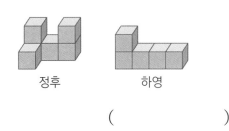

정후   하영

(   )

9. 쌓기나무로 쌓은 모양에 대한 설명입니다. ☐ 안에 알맞은 수나 말을 써넣으세요. (20점)

오른쪽

앞

> 쌓기나무 3개가 옆으로 나란히 있고, 왼쪽 쌓기나무 ☐ 에 쌓기나무 ☐ 개가, 오른쪽 쌓기나무 ☐ 에 쌓기나무 ☐ 개가 있습니다.

셋째 마당

덧셈과 뺄셈

학교 시험
자신감 충전!

셋째 마당에서는 받아올림이 있는 덧셈과 받아내림이 있는 뺄셈을
배웁니다.
문제를 읽고 중요한 부분에 표시를 하면서 식을 세우는 연습을 하세요.
문장에서 수가 늘어나는 말이 있으면 덧셈 기호를 이용하고 수가 줄어드는
말이 있으면 뺄셈 기호를 이용하여 식을 세워 보세요.

☐ 를 채워 문장을 완성하면, 학교 시험 자신감 충전 완료!

08 덧셈하기

⭐ ☐ 안에 알맞은 수를 써넣으세요.

1. $29 + 13 = 29 +$ ☐ $+$ ☐

    $=$ ☐ $+$ ☐

    $=$ ☐

    29에 ☐ 을 먼저 더한 다음
    ☐ 을 더 더해서 구합니다.

2. $15 + 29 =$ ☐ $+$ ☐ $+$ ☐ $+$ ☐

    $=$ ☐ $+$ ☐

    $=$ ☐

    십의 자리 수와 일의 자리 수로 가르기 해
    십의 자리 수끼리, 일의 자리 수끼리 더해요.

⭐ 수 막대를 보고 ☐ 안에 알맞은 수를 써넣으세요.

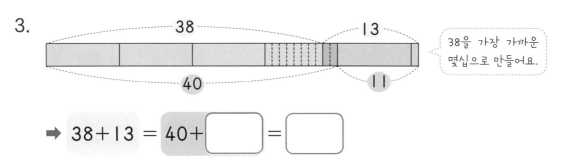

3.
    ➡ $38 + 13 = 40 +$ ☐ $=$ ☐

4.
    ➡ $47 + 15 =$ ☐ $+$ ☐ $=$ ☐

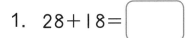 덧셈을 하세요.

1. 28+18= ☐

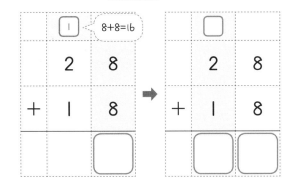

2. 12+94= ☐

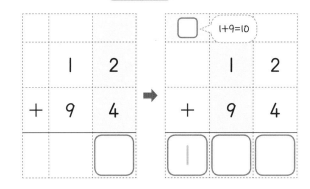

3. 38+25= ☐

🐶 가로셈에서도 받아올림을 표시하면 쉬워요.

38+25=63
8+5=13

4. 67+29= ☐

5. 56+93= ☐

6. 32+85= ☐

⭐ 물음에 답하세요.

7. 38보다 7만큼 더 큰 수는 얼마인가요?

_____

8. 59와 31의 합은 얼마인가요?

_____

9. 76에 41을 더한 수는 얼마인가요?

_____

문제에서 숫자는 ◯,
조건 또는 구하는 것은 ____로
표시해 보세요.

1. 연못에 물고기가 ⑲마리 있습니다. 물고기 ③마리를 더 넣었다면 연못에 있는 물고기는 모두 몇 마리인가요?

교과서 유형

(물고기의 수)
= (처음에 있던 물고기의 수) + (더 넣은 물고기의 수)

= ☐ + ☐ = ☐ (마리)

답 _____ 마리

단위를 써요!

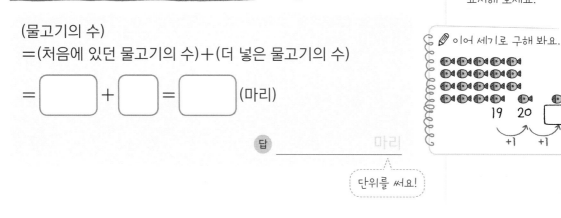
🖊 이어 세기로 구해 봐요.
19 20 ☐ ☐
  +1 +1 +1

2. 동물원에 하얀 토끼가 ⑰마리, 검은 토끼가 ④마리 있습니다. 동물원에 있는 토끼는 모두 몇 마리인가요?

(토끼의 수) = (하얀 토끼의 수) + (검은 토끼의 수)

=   +   =   (마리)

답 _____

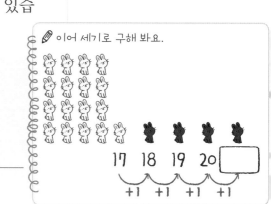
🖊 이어 세기로 구해 봐요.
17 18 19 20 ☐
  +1 +1 +1 +1

3. 주호는 동화책을 어제는 36쪽 읽었고, 오늘은 어제보다 8쪽 더 읽었습니다. 주호가 오늘 읽은 동화책은 모두 몇 쪽인가요?

(☐ 읽은 동화책 ☐)

= (☐ 읽은 동화책 쪽수) ◯ (어제보다 더 읽은 쪽수)

= ☐ (쪽)

답 _____

■보다 ●만큼 더 많은~
➡ ■+●

1. 어머니의 나이는 **37**살이고, 아버지의 나이는 어머니보다 **6**살 더 많습니다. 아버지의 나이는 몇 살인가요?

   ↳ (어머니의 나이)+6

   (아버지의 나이)=(어머니의 나이)+(더 많은 나이)

   = ☐ + ☐

   = ☐ (살)

   답 _____

2. 줄넘기를 윤지는 **84**번 넘었고, 민호는 윤지보다 **25**번 더 많이 넘었습니다. 민호는 줄넘기를 몇 번 넘었나요?

   (민호가 넘은 줄넘기 수)

   =(☐ 가 넘은 줄넘기 수)◯(더 많이 넘은 줄넘기 수)

   = _____ + _____ = _____ (번)

   답 _____

3. 승희네 농장에 오리는 **78**마리가 있고, 닭은 오리보다 **3I**마리 더 많습니다. 농장에 있는 닭은 몇 마리인가요?

   (☐ 의 수)

   =(오리의 수)◯(더 [많은] 닭의 수)

   = ☐

   답 _____

09. 뺄셈하기

⭐ ☐ 안에 알맞은 수를 써넣으세요.

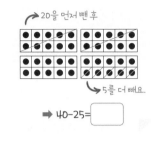

1. 40−25=40− ☐ − ☐

    = ☐ − ☐

    = ☐

20을 먼저 뺀 후

5를 더 빼요.

➡ 40−25= ☐

2. 50−28=50− ☐ − ☐

    = ☐ − ☐

    = ☐

50에서 ☐ 을 먼저 뺀 후

☐ 을 더 빼서 구합니다.

⭐ 수 막대를 보고 ☐ 안에 알맞은 수를 써넣으세요.

3.

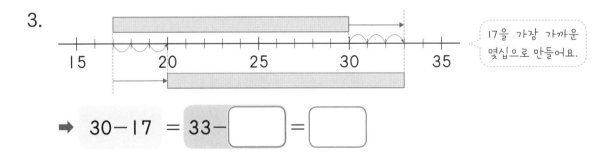

17을 가장 가까운 몇십으로 만들어요.

➡ 30−17 = 33− ☐ = ☐

4.

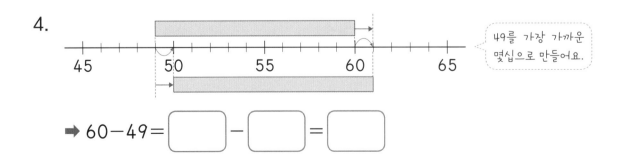

49를 가장 가까운 몇십으로 만들어요.

➡ 60−49= ☐ − ☐ = ☐

⭐ 뺄셈을 하세요.

1. 50-16= [ ]

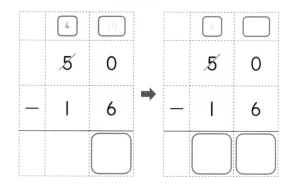

2. 85-49= [ ]

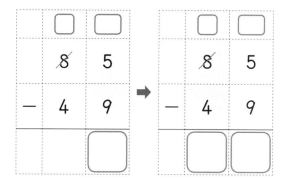

3. 33-9= [ ]

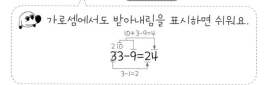

가로셈에서도 받아내림을 표시하면 쉬워요.

10+3-9=4
2 10
33-9=24
3-1=2

4. 72-43= [ ]

5. 84-56= [ ]

6. 92-33= [ ]

⭐ 물음에 답하세요.

7. 42보다 5만큼 더 작은 수는 얼마인가요?

_____

8. 50과 21의 차는 얼마인가요?

_____

9. 93에서 38을 뺀 수는 얼마인가요?

_____

1. 현서는 사탕을 ㉖개 가지고 있습니다. 동생에게 ⑧개를 주면 <u>현서에게 남은 사탕은 몇 개</u>인가요?

문제에서 숫자는 ◯,
조건 또는 구하는 것은 ___로
표시해 보세요.

(남은 사탕 수)
=(처음 가지고 있던 사탕 수)−(동생에게 준 사탕 수)

= ⬜ − ⬜ = ⬜ (개)

답 _____ 개

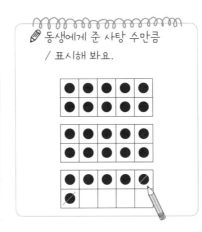

🖊 동생에게 준 사탕 수만큼
／ 표시해 봐요.

2. 정민이네 집에는 귤 50개가 있었습니다. 이 중에서 12개를 먹었다면 남은 귤은 몇 개인가요?

(남은 귤 수)
=(처음에 있던 귤 수) ◯ (먹은 귤 수)

= _____ − _____ = _____ (개)

답 _____

🖊 먹은 귤 수만큼 ／ 표시해 봐요.

10개 10개 10개

10개

3. 혜수는 색종이를 80장 가지고 있습니다. 이 중에서 24장을 사용하면 남는 색종이는 몇 장인가요?

(⬜ 색종이 수)

=(혜수가 가지고 있던 ⬜ 수)

◯ (사용한 색종이 수)

= ⬜

답 _____

1. 복숭아를 지수는 **48**개 땄고, 서이는 **62**개 땄습니다. 누가 복숭아를 몇 개 더 많이 땄나요?

해결 순서

❶ 딴 복숭아 수 비교하기

↓

❷ 몇 개 더 많이 땄는지 계산하기

지수　　　　　서이

（　　　）〇（　　　）이므로

복숭아를 더 많이 딴 사람은 （　　　）입니다.

(서이가 딴 복숭아 수)−(지수가 딴 복숭아 수)

= （　　　） − （　　　） = （　　　） (개)이므로

（　　　）가 복숭아를 （　　　）개 더 많이 땄습니다.

답 _____, _____

2. 종이학을 민아는 **56**개 접었고, 준호는 **84**개 접었습니다. 누가 종이학을 몇 개 더 많이 접었나요?

_____이므로 종이학을 더 많이 접은 사람은

（　　　）입니다.

(（　　　）가 접은 종이학 수)−(（　　　）가 접은 종이학 수)

= _____ − _____ = _____ (개) 이므로

（　　　）가 종이학을 （　　　）개 더 많이 접었습니다.

답 _____, _____

10. 덧셈과 뺄셈하기

1. 현주네 학교 2학년 남학생은 58명이고, 여학생은 남학생보다 19명 더 많습니다. 현주네 학교 2학년 학생은 모두 몇 명인가요?

해결 순서

❶ 여학생 수 구하기

↓

❷ 2학년 학생 수 구하기

(여학생 수)=(남학생 수)+(더 많은 학생 수)

= ☐ + ☐ = ☐ (명)

따라서 현주네 학교 2학년 학생은 모두

☐ + ☐ = ☐ (명)입니다.

남학생 수　　여학생 수

답 _____

2. 과수원에서 귤을 시아는 37개 땄고, 준우는 시아보다 8개 더 많이 땄습니다. 시아와 준우가 딴 귤은 모두 몇 개인가요?

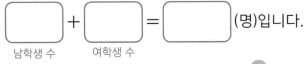

(☐ 가 딴 귤의 수)

=(☐ 가 딴 귤의 수) ◯ (더 많이 딴 귤의 수)

= ___ + ___ = ___ (개)

따라서 시아와 준우가 딴 귤은 모두

= ___ + ___ = ___ (개) 입니다.

답 _____

1. 분리배출을 위해 지아와 민지가 모은 페트병과 유리병의 수입니다. 분리배출할 병을 더 많이 모은 사람은 누구인가요?

	페트병의 수(개)	유리병의 수(개)
지아	27	34
민지	25	39

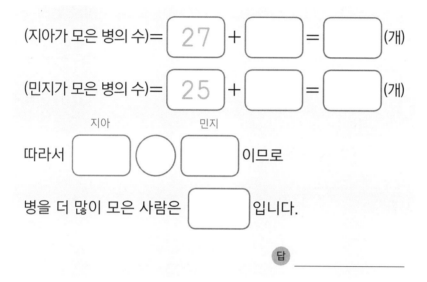

(지아가 모은 병의 수)= 27 + ☐ = ☐ (개)

(민지가 모은 병의 수)= 25 + ☐ = ☐ (개)

지아   민지

따라서 ☐ ◯ ☐ 이므로

병을 더 많이 모은 사람은 ☐ 입니다.

답 _____

2. 다음 표를 사용해 가지고 있는 돌이 더 많은 사람은 누구인지 구하는 문제를 만들고 풀어 보세요.

	흰색 돌의 수(개)	검은색 돌의 수(개)
승현	56	39
효정	47	49

문제

답 _____

위에 문제를 보고 만들면 더 쉬워요.

1. 은희와 경호가 가지고 있던 사탕과 먹은 사탕의 수입니다. 남은 사탕이 더 많은 사람은 누구인가요?

	처음 사탕 수(개)	먹은 사탕 수(개)
은희	53	24
경호	60	33

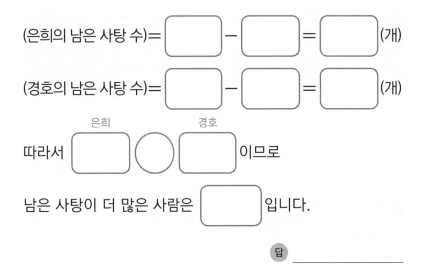

(은희의 남은 사탕 수)= □ − □ = □ (개)

(경호의 남은 사탕 수)= □ − □ = □ (개)

은희   경호

따라서 □ ◯ □ 이므로

남은 사탕이 더 많은 사람은 □ 입니다.

답 _____

해결 순서
❶ 남은 사탕 수 구하기
↓
❷ 남은 사탕 수 비교하기

2. 다음 표를 사용해 사용한 색종이가 더 많은 사람은 누구인지 구하는 문제를 만들고 풀어 보세요.

	처음 색종이 수(장)	남은 색종이 수(장)
민주	80	44
정우	76	38

문제

위에 문제를 보고 만들면 더 쉬워요.

답 _____

1. 주안이네 반 남학생은 **20**명이고, 여학생은 남학생보다 **3** 명 더 적습니다. 주안이네 반 학생은 모두 몇 명인가요?

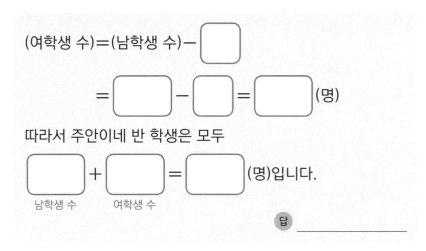

(여학생 수)=(남학생 수)-☐

=☐-☐=☐(명)

따라서 주안이네 반 학생은 모두

☐ + ☐ = ☐ (명)입니다.
남학생 수　여학생 수

답 _____

2. 공원에 비둘기는 **27**마리가 있고, 참새는 비둘기보다 **8**마 리 더 적게 있습니다. 공원에 있는 비둘기와 참새는 모두 몇 마리인가요?

(☐의 수)=(☐의 수)-☐

= ___ - ___ = ___ (마리)

따라서 공원에 있는 비둘기와 참새는 모두

= ___ + ___ = ___ (마리) 입니다.

답 _____

11 세 수의 계산

1. 노란 풍선이 ③⑧개, 빨간 풍선이 ⑤개 있습니다. 파란 풍선은 노란 풍선과 빨간 풍선을 더한 것보다 ㉖개 적습니다. 파란 풍선은 몇 개인가요?

문제에서 숫자는 ○,
조건 또는 구하는 것은 ____로
표시해 보세요.

(파란 풍선 수)=(노란 풍선 수)+(빨간 풍선 수)- ☐

= ☐ + ☐ - ☐

= ☐ - ☐ = ☐ (개)

답 _____

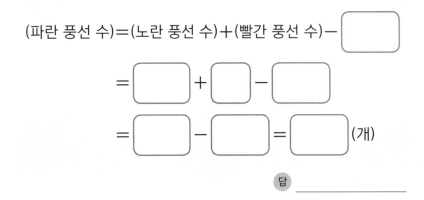

앞에서부터 차례로 계산해요.

$\left(\begin{array}{c}노란\\풍선 수\end{array}\right)+\left(\begin{array}{c}빨간\\풍선 수\end{array}\right)-26$
① ②

2. 과일 가게에 수박이 29개, 사과가 53개 있습니다. 이 중에서 49개를 팔았다면 남은 수박과 사과는 몇 개인가요?

(남은 수박과 사과 수)

= ☐ ○ ☐ ○ ☐

= ☐ - ☐ = ☐ (개)

답 _____

(남은 수박과 사과 수)
=(수박 수)+(사과 수)
-(판 과일 수)

3. 고구마를 정민이는 17개 캤고, 형은 34개 캤습니다. 이 중에서 25개를 먹었습니다. 남은 고구마는 몇 개인가요?

(남은 고구마 수)

= ____ + ____ - ____

= ____ = ____ (개)

답 _____

1. 참새 **34**마리가 나무 위에 앉아 있었는데 새로 참새가 **19**마리 날아왔습니다. 그 뒤 **15**마리가 먹이를 구하러 날아갔습니다. 나무 위에 남아 있는 참새는 몇 마리인가요?

_{교과서 유형}

더하고

빼요

(남아 있는 참새 수)
=(처음에 있던 참새 수)+(새로 날아온 참새 수)
  −(날아간 참새 수)

= ☐ + ☐ − ☐

= ☐ − ☐ = ☐ (마리)

따라서 나무 위에 남아 있는 참새는 ☐ 마리입니다.

답 _____

날아온 참새는 덧셈을, 날아간 참새는 뺄셈을 해.

2. 놀이터에 어린이 **23**명이 있었는데 새로 어린이 **8**명이 왔습니다. 그 뒤 **14**명이 집으로 돌아갔습니다. 놀이터에 남아 있는 어린이는 몇 명인가요?

(놀이터에 남아 있는 어린이 수)
= (처음 있던 어린이 수)
  + (새로 온 어린이 수)
  - (돌아간 어린이 수)

(놀이터에 남아 있는 어린이 수)

= ☐ ◯ ☐ ◯ ☐

= ☐ − ☐ = ☐ (명)

따라서 놀이터에 남아 있는 어린이는 ☐ 명입니다.

답 _____

덧셈과 뺄셈 | 55

1. 꽃집에서 장미 82송이 중 65송이를 팔고 48송이를 더 사 왔습니다. 지금 꽃집에 있는 장미는 몇 송이인가요?

(지금 꽃집에 있는 장미 수)
= (처음에 있던 장미 수) − (판 장미 수) + (더 사 온 장미 수)

= ☐ − ☐ + ☐

= ☐ + ☐ = ☐ (송이)

답 _____

2. 바구니 속 감자 50개 중 14개를 사용하고 7개를 더 담았습니다. 지금 바구니에 있는 감자는 몇 개인가요?

(지금 바구니에 있는 감자 수)

= ☐ ◯ ☐ ◯ ☐

= ☐ + ☐ = ☐ (개)

답 _____

(지금 바구니에 있는 감자 수)
= (처음 감자 수)
  − (사용한 감자 수)
  + (더 담은 감자 수)

3. 냉장고에 있는 달걀 24개 중 8개를 사용하고, 15개를 다시 사왔습니다. 지금 냉장고에 있는 달걀은 몇 개인가요?

(지금 냉장고에 있는 달걀 수)
= 24 − _____
= _____ = _____ (개)

답 _____

1. 남극 마을에 펭귄이 43마리 살고 있었는데, 18마리가 물고기를 잡으러 떠났습니다. 그 뒤 16마리가 먼저 돌아왔습니다. 지금 마을에 있는 펭귄은 몇 마리인가요?

(지금 마을에 있는 펭귄 수)
=(처음에 있던 펭귄 수)−(떠난 펭귄 수)+(돌아온 펭귄 수)

= ⬚ − ⬚ + ⬚

= ⬚ + ⬚ = ⬚ (마리)

따라서 지금 마을에 있는 펭귄은 ⬚ 마리입니다.

답 _____

떠난 펭귄 수만큼 빼고, 먼저 돌아온 펭귄 수를 더해요.

2. 버스에 24명이 타고 있었습니다. 이번 정류장에서 9명이 내리고, 17명이 탔습니다. 지금 버스에 타고 있는 사람은 몇 명인가요?

(지금 버스에 타고 있는 사람 수)

= ⬚ ◯ ⬚ ◯ ⬚

= _____

= ⬚ (명)

따라서 [지금 버스에 타고 있는 사람은] .

답 _____

(지금 버스에 타고 있는 사람 수)
=(처음 버스에 있던 사람 수)
 −(내린 사람 수)
 +(탄 사람 수)

12 덧셈과 뺄셈의 관계를 식으로 나타내기

⭐ 그림을 보고 ☐ 안에 알맞은 수를 써넣어 식을 완성해 보세요.

1. 펭귄은 모두 몇 마리인지 덧셈식을 만들어 보세요.

물 안과 물 밖에 있는 펭귄의 수를 세어 더해요.

2. 물 밖에 있는 펭귄은 모두 몇 마리인지 뺄셈식을 만들어 보세요.

1에서 구한 전체 펭귄 수에서 물 안에 있는 펭귄 수를 빼 봐요.

3. 물 안에 있는 펭귄은 모두 몇 마리인지 뺄셈식을 만들어 보세요.

4. 덧셈식과 뺄셈식을 완성해 보세요.

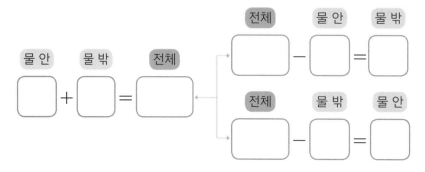

☆ ☐ 안에 알맞은 수나 말을 써넣어 덧셈식과 뺄셈식을 완성하고, 설명해 보세요.

1. 그림을 보고 덧셈식을 서로 다른 두 뺄셈식으로 나타내세요.

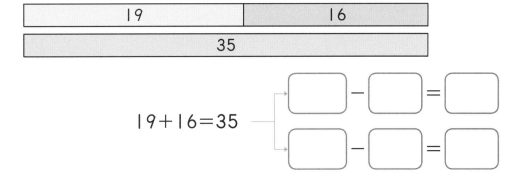

19	16
35	

$19+16=35$ → ☐ − ☐ = ☐
☐ − ☐ = ☐

설명

• 하나의 덧셈식을 보고 만들 수 있는 뺄셈식은 ☐ 가지입니다.

• 덧셈식 계산 결과가 뺄셈식에서는 | 빼어지는 수 | 가 됩니다.

2. 그림을 보고 뺄셈식을 덧셈식으로 나타내세요.

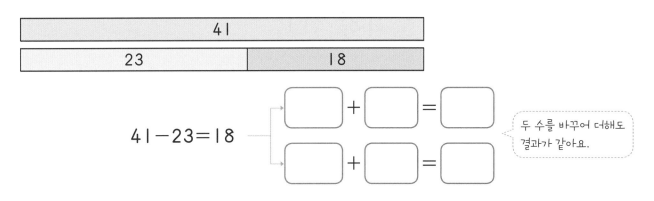

41	
23	18

$41-23=18$ → ☐ + ☐ = ☐
☐ + ☐ = ☐

두 수를 바꾸어 더해도 결과가 같아요.

설명

• 하나의 뺄셈식을 보고 만들 수 있는 덧셈식은 ☐ 가지입니다.

• 뺄셈식의 빼어지는 수가 덧셈식에서는 | 계산 결과 | 가 됩니다.

1. 수 카드 중 두 장을 사용하여 합이 14인 덧셈식을 만들고,
   만든 덧셈식을 뺄셈식으로 나타내 보세요.

$$\boxed{5} \quad \boxed{3} \quad \boxed{14} \quad \boxed{9}$$

합이 $\boxed{14}$ 가 되는 두 수를 찾으면 $\boxed{}$, $\boxed{}$ 이므

로 덧셈식은 $\boxed{}$ + $\boxed{}$ = $\boxed{14}$ 입니다.

따라서 만든 덧셈식을 뺄셈식으로 나타내면

$$\boxed{14} - \boxed{} = \boxed{} \;, \quad \boxed{} - \boxed{} = \boxed{}$$

입니다.

답 _____ , _____

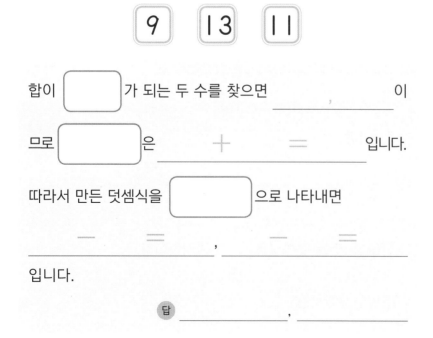

전체와 부분을 생각해 봐요.

2. 수 카드 중 두 장을 사용하여 합이 22인 덧셈식을 만들고,
   만든 덧셈식을 뺄셈식으로 나타내 보세요.

$$\boxed{9} \quad \boxed{13} \quad \boxed{11}$$

합이 $\boxed{}$ 가 되는 두 수를 찾으면 _____ , _____ 이

므로 $\boxed{}$ 은 _____ + _____ = 입니다.

따라서 만든 덧셈식을 $\boxed{}$ 으로 나타내면

_____ − _____ = , _____ − _____ =

입니다.

답 _____ , _____

1. 수 카드 중 두 장을 사용하여 차가 15인 뺄셈식을 만들고,
   만든 뺄셈식을 덧셈식으로 나타내 보세요.

   25   27   42

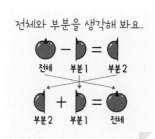

전체와 부분을 생각해 봐요.

차가 ☐ 가 되는 두 수를 찾으면 ☐ , ☐

이므로 뺄셈식은 ☐ – ☐ = ☐ 입니다.

따라서 만든 뺄셈식을 덧셈식으로 나타내면

☐ + ☐ = ☐ ,

☐ + ☐ = ☐ 입니다.

답 _____ , _____

2. 수 카드 중 두 장을 사용하여 차가 12인 뺄셈식을 만들고,
   만든 뺄셈식을 덧셈식으로 나타내 보세요.

   26   38   13

차가 ☐ 가 되는 두 수를 찾으면 _____ , _____ 이

므로 ☐ 은 _____ – _____ = _____ 입니다.

따라서 만든 뺄셈식을 ☐ 으로 나타내면

____ + ____ = ____ , ____ + ____ = ____

입니다.

답 _____ , _____

13 □의 값 구하기 (1)

⭐ 어떤 수를 □로 하여 식을 만들고, □의 값을 구해 보세요.

1.

| 16에 어떤 수를 더하면 24입니다. |

식 $16 + \square = 24$ 답 _____

> 💡 덧셈과 뺄셈의 관계
> ●+□=▲ ｜ 1+□=3
> ▲-●=□ ｜ 3-1=□
> 수를 작게 만들어서 확인
> 하면 쉬워요.

2.

| 어떤 수에 27을 더하면 43입니다. |

식 _____   답 _____

> 💡 덧셈과 뺄셈의 관계
> □+●=▲
> ▲-●=□

3.

| 59에 어떤 수를 더하면 85입니다. |

식 _____   답 _____

4.

| 45에서 어떤 수를 빼면 37입니다. |

식 $45 - \square = 37$ 답 _____

> 💡 덧셈과 뺄셈의 관계
> ●-□=▲ ｜ □-●=▲
> ●-▲=□ ｜ ▲+●=□

5.

| 어떤 수에서 34를 빼면 19입니다. |

식 _____   답 _____

6.

| 60에서 어떤 수를 빼면 26입니다. |

식 _____   답 _____

⭐ □를 사용하여 식을 만들고, □의 값을 구해 보세요.

1. 정수는 칭찬 붙임딱지를 **7**장 모았습니다. 칭찬 붙임딱지가 **13**장이 되려면 몇 장을
    더 모아야 하나요?

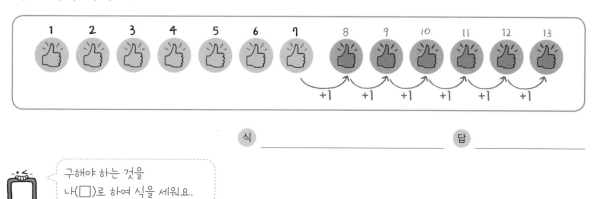

식 _____   답 _____

구해야 하는 것을
나(□)로 하여 식을 세워요.

2. 승기는 동화책을 **29**쪽 읽었습니다. 동화책을 **45**쪽까지 읽으려면 몇 쪽을 더 읽어
    야 하나요?

식 _____   답 _____

3. 색종이가 **22**장 있습니다. 그중에서 몇 장을 사용하여 종이접기를 하였더니 **7**장이
    남았습니다. 사용한 색종이는 몇 장인가요?

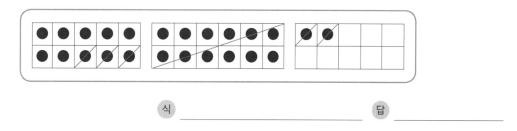

식 _____   답 _____

4. 학생 **46**명이 운동장에서 놀고 있었습니다. 그중 몇 명이 교실로 들어갔더니 학생이
    29명 남았습니다. 교실로 들어간 학생은 몇 명인가요?

식 _____   답 _____

1. 민아는 연필 ⑭자루를 가지고 있었습니다. 오늘 몇 자루를 더하기 더 사왔더니 ㉓자루가 되었습니다. 오늘 산 연필은 몇 자루인가요? □

문제에서 숫자는 ◯,
조건 또는 구하는 것은 ___로
표시해 보세요.

오늘 산 연필의 수를 □로 하여 식으로 나타내면

$14 + □ = 23$ 이므로

$□ = \boxed{}$, $□ = \boxed{}$ 입니다.

따라서 오늘 산 연필은 $\boxed{}$ 입니다.

답 _____

오늘 산 연필 수

$14 + □ = 23$
구하는 것

2. 민호는 딱지 27장을 가지고 있었습니다. 준호에게 몇 장을 더 받았더니 52장이 되었습니다. 준호에게 받은 딱지는 몇 장인가요?

준호에게 받은 딱지의 수를 □로 하여 식으로 나타내면

_____ 이므로

$□ = \boxed{}$, $□ = \boxed{}$ 입니다.

따라서 $\boxed{}$ 입니다.

답 _____

준호에게 받은 딱지의 수

$27 + □ = 52$
구하는 것

1. 현수는 지우개 ⑪개를 가지고 있었는데 동생에게 몇 개를 주었더니 ⑥개가 남았습니다. 동생에게 준 지우개는 몇 개인가요?
↘빼기   ↘□

동생에게 준 지우개의 수를 □로 하여 식으로 나타내면

[   ] 이므로

□ = [   ] , □ = [   ] 입니다.

따라서 동생에게 준 지우개는 [   ] 입니다.

답 _____

2. 병뚜껑 40개 중에서 몇 개를 사용하여 재활용 작품을 만들 었더니 14개가 남았습니다. 사용한 병뚜껑은 몇 개인가요?

사용한 병뚜껑의 수 를 □로 하여 식으로 나타내면

_____ 이므로

□ = [   ] , □ = [   ] 입니다.

따라서 [   ] .

답 _____

14 □의 값 구하기 (2)

1. 도넛이 43개 있었는데 몇 개를 더 사 왔더니 61개가 되었습니다. 더 사 온 도넛은 몇 개인가요?

문제에서 숫자는 ◯,
조건 또는 구하는 것은 ___로
표시해 보세요.

더 사 온 도넛의 수 를 □로 하여 식으로 나타내면

_____ 이므로

□ = _____ , □ = ☐ 입니다.

따라서 더 사 온 도넛은 ☐ 입니다.

답 _____

나를 잘 사용해 봐요.

2. 참외가 39개 있었는데 몇 개를 더 사 왔더니 70개가 되었습니다. 더 사 온 참외는 몇 개인가요?

더 사 온 참외의 수 를 □로 하여 식으로 나타내면

_____ 이므로

□ = _____ , □ = ☐ 입니다.

따라서 더 사 온 참외는 _____ .

답 _____

1. 혜수가 구슬 몇 개를 가지고 있었는데 찬호에게 23개를 주었더니 18개가 남았습니다. 처음 혜수가 가지고 있던 구슬은 몇 개인가요?

처음 혜수가 [   ] 를

☐로 하여 식으로 나타내면 _____ 이므로

☐ = _____ , ☐ = [   ] 입니다.

따라서 처음 혜수가 가지고 있던 구슬은 [   ] 입니다.

답 _____

2. 우유갑이 54개 있었습니다. 그중 몇 개를 사용하여 기차를 만들었더니 37개가 남았습니다. 사용한 우유갑은 몇 개인가요?

[   ] 를 ☐로 하여 식으로 나타내면

_____ 이므로

☐ = _____ , ☐ = [   ] 입니다.

따라서 [사용한 우유갑은   ] .

답 _____

1. 어떤 수에서 ㉗을 빼야 할 것을 잘못하여 더했더니 ㉖③이
   되었습니다. 바르게 계산한 값을 구하세요.

문제에서 숫자는 ○,
조건 또는 구하는 것은 ___로
표시해 보세요.

해결 순서

❶ 어떤 수를 □로 하여
  잘못 계산한 식 쓰기

↓

❷ □의 값 구하기

↓

❸ 바르게 계산한 값 구
  하기

어떤 수를 □로 하여 식으로 나타내면

$$\square + \boxed{} = \boxed{}$$ 입니다.

$$\square = \boxed{} - \boxed{} \, , \, \square = \boxed{}$$ 이므로 어떤 수는

$$\boxed{}$$ 입니다.

따라서 바르게 계산한 값은 $\boxed{} - 27 = \boxed{}$ 입니다.

답 _____

2. 어떤 수에서 16을 빼야 할 것을 잘못하여 더했더니 81이
   되었습니다. 바르게 계산한 값을 구하세요.

어떤 수를 □로 하여 식으로 나타내면

$\square +$ _____ 입니다.

$\square =$ _____ , $\square = \boxed{}$ 이므로 어떤 수는

$$\boxed{}$$ 입니다.

따라서 바르게 계산한 값은 _____ 입니다.

답 _____

1. 어떤 수에 ⑲를 더해야 할 것을 잘못하여 뺐더니 ㉕가 되었습니다. 바르게 계산한 값을 구해 보세요.

어떤 수를 ☐로 하여 식으로 나타내면

☐ − [   ] = [   ] 입니다.

☐ = [   ] + [   ] , ☐ = [   ] 이므로 어떤 수는

[   ] 입니다.

따라서 바르게 계산한 값은 [   ] + 19 = [   ] 입니다.

답 _____

2. 43에 어떤 수를 더해야 할 것을 잘못하여 뺐더니 16이 되었습니다. 바르게 계산한 값을 구해 보세요.

어떤 수를 ☐로 하여 식으로 나타내면

43− _____ 입니다.

☐ = _____ , ☐ = [   ] 이므로 어떤 수는

[   ] 입니다.

따라서 바르게 계산한 값은 _____ 입니다.

답 _____

덧셈과 뺄셈

1. 명수네 농장에는 소가 29마리, 돼지가 36마리 있습니다. 명수네 농장에 있는 소와 돼지는 모두 몇 마리인가요?

(   )

2. 수 카드를 한 번씩만 사용하여 두 자리 수를 만들 때 가장 큰 수와 가장 작은 수의 합을 구하세요.

5 6 1 7

(   )

3. 공원에 비둘기가 42마리 있었는데 8마리가 날아갔습니다. 공원에 남아 있는 비둘기는 몇 마리인가요?

(   )

4. 혜수는 동화책 71권 중에서 35권을 읽었습니다. 아직 읽지 않은 동화책은 몇 권인가요?

(   )

5. 수 카드 2장을 골라 두 자리 수를 만들어 83에서 빼려고 합니다. 계산 결과가 가장 큰 수가 되는 뺄셈식을 쓰고 계산해 보세요.

5 2 8 4

83 − ☐ = ☐

6. 어떤 수에서 7을 빼야 할 것을 잘못하여 더했더니 52가 되었습니다. 바르게 계산한 값을 구해 보세요.

(   )

7. 어떤 수에 18을 더해야 할 것을 잘못하여 뺐더니 45가 되었습니다. 바르게 계산한 값을 구해 보세요.

(   )

8. 시우는 종이학을 34개 접었습니다. 91개까지 접으려면 몇 개를 더 접어야 하는지 ☐를 사용하여 식을 만들고, 답을 구해 보세요.

식 _____

답 _____

9. 감자를 어머니는 64개 캤고, 준아는 17개 캤습니다. 이 중에서 32개를 이웃에 나누어 주었습니다. 남아 있는 감자는 몇 개인가요?

(   )

10. 수족관에서 어린이 70명이 관람을 하고 있습니다. 잠시 후 어린이 43명이 퇴장을 하고, 15명이 입장을 하였습니다. 지금 수족관에 있는 어린이는 몇 명인가요?

(   )

넷째 마당

길이 재기

학교 시험
자신감 충전!

넷째 마당에서는 여러 가지 단위를 이용하거나, 자를 사용하여 길이를 재는 법을 배웁니다.

 주변의 물건을 직접 자로 재어 보고, 어림하여 표현해 보는 것도 좋은 공부 방법입니다.

☐를 채워 문장을 완성하면, 학교 시험 자신감 충전 완료!

🚩 공부한 날짜

15	여러 가지 단위로 길이 재기	월 일

16	1 cm 알기, 자로 길이 재기, 어림하기	월 일

15. 여러 가지 단위로 길이 재기

⭐ ☐ 안에 알맞은 수나 말을 써넣으세요.

1.

💬 색연필의 길이는 종이집게로 7번 재어야 해요.

색연필의 길이는 종이집게로 ☐ 번입니다.

2.

색 테이프의 길이는 종이집게로 ☐ 번입니다.

3.

칫솔의 길이는 지우개로 ☐ 번입니다.

4.

연필의 길이는 크레파스로 ☐ .

5.

붓의 길이는 풀로 ☐ .

☆ ☐ 안에 알맞은 수를 써넣고, 알맞은 말에 ◯를 하세요.

1.

재는 물건에 따라
잰 횟수가 달라요.

(1) 막대의 길이는 지우개로 ☐ 번, 풀로 ☐ 번입니다.

(2) 지우개와 풀 중 막대의 길이를 잰 횟수가 더 많은 것은 (지우개 , 풀)입니다.

(3) 단위길이가 길수록 잰 횟수가 (적어집니다 , 많아집니다).

↳ 길이를 재는 데 기준이 되는 길이

2.

(1) 막대의 길이는 옷핀으로 ☐ 번, 크레파스로 ☐ 번입니다.

(2) 옷핀과 크레파스 중 막대의 길이를 잰 횟수가 더 적은 것은 (옷핀 , 크레파스)입니다.

(3) 단위길이가 짧을수록 잰 횟수가 (적어집니다 , 많아집니다).

1. 뼘으로 지팡이와 우산의 길이를 재었습니다. 뼘으로 잰 횟수가 지팡이는 ⑦번쯤, 우산은 ⑤번쯤일 때, 지팡이와 우산 중에서 길이가 더 짧은 것은 무엇인가요?

   잰 횟수가 적을수록 길이가 더 (깁니다 , 짧습니다).

   따라서 ⬜ ◯ ⬜ 이므로

   길이가 더 짧은 것은 ⬜ 입니다.

   답 _____

문제에서 숫자는 ◯,
조건 또는 구하는 것은 ____로
표시해 보세요.

엄지손가락과 검지손가락을 완전히 펴서 벌렸을 때의 길이를 '뼘'이라고 해요.

2. 종이집게로 색연필과 크레파스의 길이를 재었습니다. 종이집게로 잰 횟수가 색연필은 6번쯤, 크레파스는 4번쯤일 때, 색연필과 크레파스 중에서 길이가 더 긴 것은 무엇인가요?

   잰 횟수가 많을수록 길이가 더 ⬜ .

   따라서 _____ 이므로 길이가 더 긴 것은 ⬜
   입니다.

   답 _____

길이가 더 긴/짧은 것을 구할 땐, 길이를 잰 횟수가 더 많은/적은 것을 찾으면 돼요.

3. 지우개로 파란색 끈과 노란색 끈의 길이를 재었습니다. 지우개로 잰 횟수가 파란색 끈은 9번쯤, 노란색 끈은 11번쯤일 때, 파란색 끈과 노란색 끈 중에서 길이가 더 긴 끈은 무엇인가요?

   잰 횟수가 <u>많을수록</u> _____ .

   따라서 _____ 이므로 길이가 더 긴 끈은 ⬜
   입니다.

   답 _____

1. 지팡이의 길이를 뼘으로 재었더니 수아는 8뼘쯤, 준서는 6 뼘쯤이었습니다. 한 뼘의 길이가 더 긴 친구는 누구인가요?

    똑같은 물건의 길이를 서로 다른 단위로 잴 때, 잰 횟수가 적을수록 단위길이가 더 (깁니다 , 짧습니다).

    따라서 ☐ ◯ ☐ 이므로 한 뼘의 길이가 더 긴 친구는 ☐ 입니다.

    답 _____

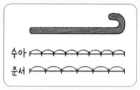

물건 한 개의 길이를
여러 가지 단위로 잴 때,
잰 횟수가 적을수록
단위길이가 길어요!

2. 시소의 길이를 걸음으로 재었더니 호수는 4걸음쯤, 연지는 3걸음쯤이었습니다. 한 걸음의 길이가 더 짧은 친구는 누구인가요?

    똑같은 물건의 길이를 잴 때, 잰 횟수가 ☐ 수록 단위길이가 더 짧습니다.

    따라서 _____ 이므로 한 걸음의 길이가 더 짧은 친구는 ☐ 입니다.

    답 _____

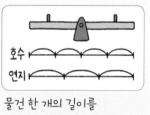

물건 한 개의 길이를
여러 가지 단위로 잴 때,
잰 횟수가 많을수록
단위길이가 짧아요!

16 1 cm 알기, 자로 길이 재기, 어림하기

⭐ 주어진 길이를 바르게 쓰고, 읽어 보세요.

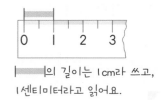

의 길이는 1cm라 쓰고,
1센티미터라고 읽어요.

1.

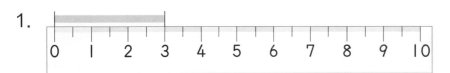

| 1 cm가 3번 | 쓰기 3 cm

읽기 [   ]

2.

| 1 cm가 5번 | 쓰기 ....   읽기 [   ]

⭐ 1 cm(▬▬)가 몇 번인지 세고 길이를 써 보세요.

1 cm가 ▣번 ➡ ▣ cm

3. [▬]   1 cm가 [ ]번 ➡ ....

4. [▬▬]   1 cm가 [ ]번 ➡ ....

5. [▬▬▬▬]   1 cm가 [ ]번 ➡ ....

6. [▬▬▬▬▬▬]   1 cm가 [ ]번 ➡ ....

1. 종이집게의 길이는 몇 cm인가요?

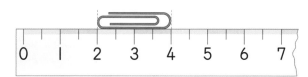

종이집게의 길이는 자의 눈금 2부터 ☐ 까지 모두 ☐

칸이고, 1 cm가 ☐ 번이면 ☐ cm입니다.

따라서 종이집게의 길이는 ☐ cm입니다.

답 _____

시작을 0이라 생각하면 길이를 알기 쉬워요!

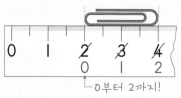

└ 0부터 2까지!

2. 연필의 길이는 몇 cm인가요?

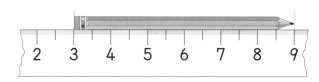

연필의 길이는 자의 눈금 ☐ 부터 ☐ 까지 모두 ☐

칸이고, 1 cm가 ☐ 이면 ☐ 입니다.

따라서 연필의 길이는 ☐ 입니다.

답 _____

1. 파란색 색연필과 노란색 색연필 중 길이가 더 긴 색연필은 무슨 색인가요?

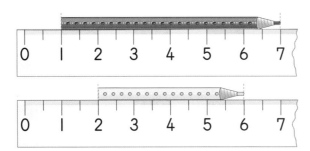

파란색 색연필의 길이는 1 cm가 ◻번으로 ◻cm이고,

노란색 색연필의 길이는 1 cm가 ◻번으로 ◻cm

입니다. 따라서 길이가 더 긴 색연필은 ◻입니다.

답 _____

✏️ 길이만큼 선을 이어 확인해 봐요.

2. 보라색 끈과 초록색 끈 중 길이가 더 짧은 끈은 무슨 색인가요?

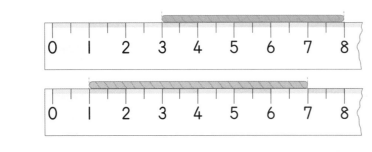

보라색 끈의 길이는 1 cm가 ◻이고,

초록색 끈의 길이는 1 cm가 ◻입니다.

따라서 ◻길이가 더 짧은◻입니다.

답 _____

✏️ 길이만큼 선을 이어 확인해 봐요.

1. 지우개의 길이는 약 몇 cm인가요?

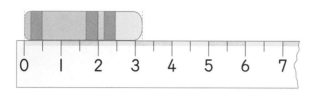

지우개의 한쪽 끝이 눈금 ⬜과 ⬜ 사이에 있고,

⬜에 더 가깝습니다.

따라서 지우개의 길이는 약 ⬜cm입니다.

답 _____

물건의 끝이 자의 눈금과 눈금 사이에 있을 때는 가까운 쪽에 있는 숫자를 읽고 숫자 앞에 '약'을 붙여요.

2. 다음과 같은 크레파스의 길이를 지호는 약 **6 cm**, 민주는 약 **7 cm**라고 어림했습니다. 실제 길이에 더 가깝게 어림한 친구는 누구인가요?

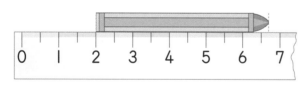

색연필의 길이는 Ⅰ cm가 ⬜번에 더 가까우므로

약 ⬜cm입니다.

따라서 실제 길이에 더 ⬜ 어림한 친구는

⬜입니다.

답 _____

💡 크레파스의 길이와의 차를 구해요.
• 지호: 6 - ⬜ = ⬜
• 민주: 7 - ⬜ = ⬜
➡ 실제 길이와 어림한 길이의 차가 더 작은 사람이 실제 길이에 더 가깝게 어림한 거예요.

 길이 재기

점수   / 100

한 문제당 10점

⭐ 그림을 보고 물음에 답하세요. [1~2]

현서   건우

1. 칠판의 길이를 더 많은 횟수로 재려면 누구의 연필로 재어야 하나요?

(   )

2. 칠판의 길이를 더 적은 횟수로 재려면 누구의 연필로 재어야 하나요?

(   )

⭐ ☐ 안에 알맞은 이름을 써넣으세요.
[3~5]

3. 현우가 가지고 있는 실은 지우개로 15번이고, 민희가 가지고 있는 실은 지우개로 10번입니다. 더 긴 실을 가지고 있는 친구는 ☐ 입니다.

4. 윤지가 가지고 있는 막대는 연필로 4번이고, 준서가 가지고 있는 막대는 연필로 7번입니다. 더 짧은 막대를 가지고 있는 친구는 ☐ 입니다.

5. 복도의 길이를 걸음으로 재었더니 선우는 14걸음, 현수는 16걸음이었습니다. 한 걸음의 길이가 더 긴 친구는 ☐ 입니다.

6. 연아네 집에서 학교까지는 54걸음, 문구점까지는 59걸음, 편의점까지는 61걸음입니다. 연아네 집에서 가장 먼 장소를 쓰세요.

(   )

7. 방문의 길이를 뼘으로 재었더니 준영이는 13뼘, 소현이는 12뼘, 윤석이는 14뼘이었습니다. 한 뼘의 길이가 가장 짧은 친구는 누구인가요?

(   )

8. 크레파스의 길이는 몇 cm인가요?

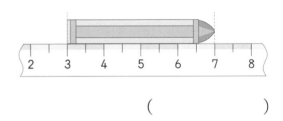

(   )

9. 옷핀의 길이는 약 2 cm입니다. 연필의 길이가 옷핀으로 6번쯤일 때 연필의 길이는 약 몇 cm인지 어림해 보세요.

(   )

10. 길이가 약 20 cm인 막대의 길이를 어림하였습니다. 실제 길이에 더 가깝게 어림한 친구는 누구인가요?

준혁	효경
약 17 cm	약 22 cm

(   )

다섯째 마당

분류하기

학교 시험
자신감 충전!

다섯째 마당에서는 여러 가지 물건을 분류하고 정리하는 방법을 배웁니다.
어떤 기준으로 분류하는지에 따라 물건들을 나눌 수 있습니다.
다양한 기준으로 분류해 보고, 결과를 확인해 보세요.

□를 채워 문장을 완성하면, 학교 시험 자신감 충전 완료!

🚩 공부한 날짜

17 기준에 따라 분류하기

1. 다음 동물을 다리의 수에 따라 분류하세요. **분류**는 기준에 따라 나누는 것이에요.

| 고양이 | 참새 | 호랑이 | 닭 | 물고기 |

| 다람쥐 | 까치 | 코끼리 | 펭귄 | 개 |

동물의 이름을 써요.

다리가 없는 동물	물고기
다리가 2개 있는 동물	참새,
다리가 4개 있는 동물	고양이,

2. 다음과 같이 탈 것을 분류하였습니다. 어떻게 분류한 것인지 설명하세요.

 의 수가 ☐ 개인 것과 ☐ 개인 것으로 분류하였습니다.

⭐ 단추를 분류하려고 합니다. 물음에 답하세요.

교과서
유형

1. 구멍의 수에 따라 단추를 분류해 보세요.

분류 기준　　　구멍의 수

💬 단추의 모양에 상관없이 구멍의 수로만 나누어요.

구멍의 수	2개	4개
번호	①,	

2. 모양에 따라 단추를 분류해 보세요.

분류 기준　　　모양

💬 단추의 구멍의 수에 상관 없이 모양으로만 나누어요.

모양	원	하트	꽃
번호			

⭐ 블록을 분류하려고 합니다. 물음에 답하세요.

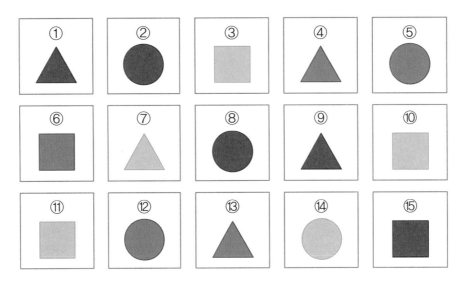

1. 모양에 따라 블록을 분류해 보세요.

분류 기준   모양

모양	삼각형	사각형	원
번호			

2. 색깔에 따라 블록을 분류해 보세요.

분류 기준   색깔

색깔	빨간색	노란색	초록색
번호			

⭐ 칠판에 여러 가지 자석이 붙어 있습니다. 물음에 답하세요. [1~2]

1. 종류에 따라 자석을 분류해 보세요.

분류 기준　　글자와 숫자

종류	글자	숫자
자석		

2. 색깔에 따라 자석을 분류해 보세요.

분류 기준　　색깔

색깔	빨간색	노란색	파란색
자석			

3. 풍선을 분류할 수 있는 기준을 2가지 찾아 써 보세요.

분류 기준 1 _____

분류 기준 2 _____

18 분류하여 세어 보기, 분류한 결과 말하기

1. 어느 달의 날씨를 나타낸 것입니다. 날씨를 분류하여 각각의 날수를 세어 보세요.

일	월	화	수	목	금	토
		1	2	3	4	5
6	7	8	9	10	11	12
13	14	15	16	17	18	19
20	21	22	23	24	25	26
27	28	29	30	31		

☀: 맑은 날   ☁: 흐린 날   ☂: 비 온 날

앗! 실수
자료를 빠뜨리거나 두 번 세지 않도록 O, X, / 등 표시를 하면서 분류해 보세요.

분류 기준   날씨

날씨	맑은 날	흐린 날	비 온 날
날짜	1,	2,	3,
날수(일)			

1. 동물을 다리의 수에 따라 분류하고 그 수를 세어 보세요.

분류 기준	다리의 수

다리의 수	0개	2개	4개
동물 이름	달팽이,	독수리,	코끼리,
동물의 수(마리)			

카드를 빨간색과 초록색으로 분류하여 세어 본 후 무슨 색깔의 카드가 더 많은지 알아보세요.

2. 카드 뒤집기 놀이를 하였습니다. 카드를 색깔에 따라 분류하여 세어 보고 무슨 색깔의 카드가 더 많은지 써 보세요.

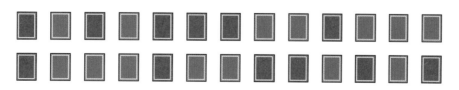

⭐ 지훈이네 학교 체육관에 있는 공을 모았습니다. 물음에 답하세요.

1. 공을 종류에 따라 분류하여 그 수를 세어 보세요. 🐶 하나씩 셀 때마다 O, X, / 표시를 해요.

종류	축구공	야구공	농구공
세면서 표시하기	̶H̶H̶ ̶H̶H̶ ̶H̶H̶	̶H̶H̶ ̶H̶H̶ ̶H̶H̶	̶H̶H̶ ̶H̶H̶ ̶H̶H̶
공의 수(개)			

2. 가장 적게 있는 공은 무엇인지 써 보세요.

_____

3. 가장 많이 있는 공은 무엇인지 써 보세요.

_____

⭐ 과일 가게에서 오늘 팔린 과일을 조사하였습니다. 물음에 답하세요.

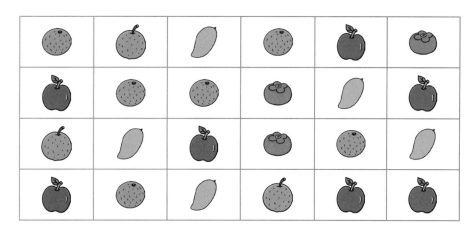

1. 종류에 따라 분류하고 그 수를 세어 보세요.

과일	오렌지	배	망고	사과	감
과일 수(개)					

2. 오늘 팔린 과일은 모두 몇 개인지 써 보세요.

_____

3. 가장 많이 팔린 과일은 무엇인지 써 보세요.

> 🐶 표에서 과일 수가 가장 많은 과일을 찾아요.

_____

4. 배와 팔린 과일 수가 같은 과일을 써 보세요.

_____

5. 과일을 더 많이 팔 수 있도록 가게 주인은 어떤 종류의 과일을 더 준비하면 좋을지 두 가지 써 보세요.

_____ , _____

 분류하기

점수   / 100

⭐ 블록을 분류하려고 합니다. 물음에 답하세요. [1~4]

1. 좋아하는 블록과 좋아하지 않는 블록으로 분류하려고 합니다. 알맞은 말에 ○를 하세요. (10점)

> (같은 , 다른) 결과가
> 나올 수 있는 분류 기준이므로
> (알맞은 , 알맞지 않은)
> 분류 기준입니다.

2. 블록을 색깔에 따라 분류하고 그 수를 세어 보세요. (20점)

색깔	빨간색	노란색	파란색
세면서 표시하기			
블록 수(개)			

3. 블록을 모양에 따라 분류하고 그 수를 세어 보세요. (20점)

모양	삼각형	사각형	원
세면서 표시하기			
블록 수(개)			

4. 가장 많은 블록의 모양은 무엇입니까? (10점)

(   )

⭐ 친구들이 좋아하는 계절을 조사하였습니다. 물음에 답하세요. [5~7]

봄	여름	봄	가을
가을	봄	겨울	봄
봄	여름	가을	여름
겨울	가을	겨울	봄
가을	봄	여름	가을

5. 기준에 따라 분류하고 그 수를 세어 보세요. (20점)

계절			
친구 수(명)			

6. 가장 많은 친구들이 좋아하는 계절은 어느 계절인가요? (10점)

(   )

7. 가장 적은 친구들이 좋아하는 계절은 어느 계절인가요? (10점)

(   )

여섯째 마당

곱셈

학교 시험
자신감 충전!

여섯째 마당에서는 **곱셈**을 이용한 문장제를 배웁니다.
수를 셀 때 곱셈을 이용하면 덧셈보다 더 쉽고 빠르게 해결할 수 있습니다.
문제를 읽고 중요한 부분과 묻고 있는 것에 표시를 하면서
식을 세우는 연습을 해 보세요.

☐를 채워 문장을 완성하면, 학교 시험 자신감 충전 완료!

19 묶어 세어 보기

⭐ 모두 몇 개인지 세어 보세요.

1.

2씩 1묶음　2씩 2묶음　2씩 3묶음　2씩 4묶음　2씩 5묶음　2씩 6묶음

(1) 2씩 [　] 묶음입니다.

(2) 2씩 묶어 세면 [2]―[4]―[　]―[　]―[　]―[　] 입니다.

(3) 귤은 모두 [　] 개입니다.

2씩 묶어 세기는 2씩 뛰어 세기와 같아요.

2.

(1) 5씩 [　] 묶음입니다.

(2) 5씩 묶어 세면 [5]―[　]―[　] 입니다.

(3) 바나나는 모두 [　] 개입니다.

3.

(1) 3씩 [　] 묶음입니다.

(2) 3씩 묶어 세면 [3]―[6]―[　]―[　]―[　]―[　] 입니다.

(3) 딸기는 모두 [　] 개입니다.

⭐ ☐ 안에 알맞은 수나 말을 써넣으세요.

1.

사탕을 2개씩 묶어 봐요.

2씩 5 묶음이므로 사탕은 모두 ☐ 개입니다.

2.

사탕을 3개씩 묶어 봐요.

3씩 ☐ 이므로 사탕은 모두 ☐ 개입니다.

3.

4씩 ☐ 이므로 사탕은 모두 ☐ 개입니다.

4.

7씩 ☐ 묶음이므로 ☐ .

5.

☐ 씩 ☐ 묶음이므로 ☐ .

1. 사과가 ②개씩 ⑥묶음 있습니다. 이 사과를 ③개씩 다시 묶어 세면 몇 묶음인가요?

사과가 ⬚ 개씩 ⬚ 묶음이면

2 − 4 − ⬚ − ⬚ − ⬚ − ⬚ 이므로

사과는 모두 ⬚ 개입니다.

따라서 사과 ⬚ 개를 3개씩 다시 묶어 세면

___ ___ ___ 이므로

⬚ 묶음입니다.

답 _____

문제에서 숫자는 ◯,
조건 또는 구하는 것은 ____로
표시해 보세요.

💡 사과 수만큼 그림을 그려 알아봐요.

2. 연필이 4자루씩 3묶음 있습니다. 이 연필을 2자루씩 다시 묶어 세면 몇 묶음인가요?

연필이 ⬚ 자루씩 ⬚ 묶음이면 4 − ⬚ − ⬚

이므로 연필은 모두 ⬚ 자루입니다.

따라서 연필 ⬚ 자루를 ⬚ 다시 묶어 세면

___ ___ ___ 이므로

⬚ .

답 _____

💡 연필 수만큼 ◯를 그려 알아봐요.

1. 귤은 한 봉지에 5개씩 2봉지가 있고, 배는 한 봉지에 3개
   씩 3봉지 있습니다. 귤과 배는 모두 몇 개인가요?

   💡 귤과 배의 수만큼
   ○를 그려 알아봐요.

   귤이 ☐ 개씩 ☐ 봉지이면 5 ─ ☐ 이므로 귤은

   모두 ☐ 개입니다.

   배가 ☐ 개씩 ☐ 봉지이면 ___ ─ ___ ─ ___ 이

   므로 배는 모두 ☐ 개입니다.

   따라서 귤과 배는 모두 ___ ＋ ___ ＝ ___ (개)입니다.

   답 _____

2. 사탕은 4개씩 6묶음이 있고, 초콜릿은 7개씩 3묶음이 있
   습니다. 사탕과 초콜릿은 모두 몇 개인가요?

   💡 사탕과 초콜릿의 수만큼
   ○를 그려 알아봐요.

   사탕이 ☐ 이면

   ___ ─ ___ ─ ___ ─ ___ ─ ___ 이므로

   사탕은 모두 ☐ 입니다.

   초콜릿이 ☐ 이면

   ___ ─ ___ 이므로 초콜릿은 모두 ☐ 입
   니다.

   따라서 사탕과 초콜릿은 모두 ___ ＋ ___ ＝ ___ (개)입
   니다.

   답 _____

20 몇의 몇 배 알아보기

☆ □ 안에 알맞은 수를 써넣으세요.

1.

2씩 □ 묶음   7씩 □ 묶음

➡ 2의 □ 배   ➡ 7의 □ 배

2.

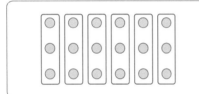 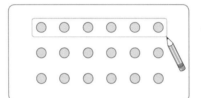

6씩 묶어 보세요.

3씩 □ 묶음   6씩 □ 묶음

➡ □의 □ 배   ➡ □의 □ 배

3.

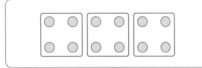 

□씩 □ 묶음   □씩 □ 묶음

➡ □의 □ 배   ➡ □의 □ 배

☆ ⬜ 안에 알맞은 수나 말을 써넣으세요.

1.

• 딸기의 수: 2개씩 ⬜ 묶음

• 귤의 수: 2개씩 ⬜ 묶음

→ 귤의 수는 딸기의 수의 ⬜ 배입니다.

2.

• 빨간 구슬의 수: 3개씩 ⬜ 묶음

• 파란 구슬의 수: ⬜ 개씩 ⬜ 묶음

➡ 파란 구슬의 수는 빨간 구슬의 수의 ⬜ 배입니다.

당근을 토끼의 수만큼씩 묶어 봐요.

3.

• 토끼의 수: 3개씩 ⬜ 묶음

• 당근의 수: ⬜ 개씩 ⬜ 묶음

→ 당근의 수는 토끼의 수의 ⬜ 배입니다.

4.

양의 수가 돼지의 수의 몇 배인지 묶음으로 표현해 봐요.

양의 수는 ⬜ .

1. 진호와 연우가 쌓은 연결 모형의 수는 현주가 쌓은 연결 모형의 수의 몇 배인지 각각 구하세요.

교과서 유형

현주   진호   연우

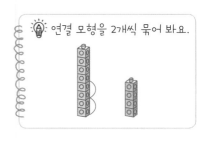
현주가 쌓은 연결 모형이 2개이므로 진호와 연우가 쌓은 연결 모형은 [2]씩 몇 묶음인지 나타내요.

진호가 쌓은 연결 모형은 ☐개씩 ☐묶음이므로

현주가 쌓은 연결 모형의 수의 ☐배입니다.

연우가 쌓은 연결 모형은 ☐개씩 ☐이므로

현주가 쌓은 연결 모형의 수의 ☐배입니다.

💡 연결 모형을 2개씩 묶어 봐요.

답 진호: _____, 연우: _____

2. 민주와 희수가 쌓은 연결 모형의 수는 경호가 쌓은 연결 모형의 수의 몇 배인지 각각 구하세요.

경호

민주   희수

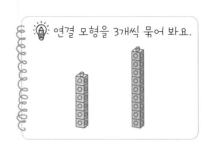
💡 연결 모형을 3개씩 묶어 봐요.

민주가 쌓은 연결 모형은 ☐이므로

경호가 쌓은 연결 모형의 수의 ☐입니다.

희수가 쌓은 연결 모형은 ☐이므로

경호가 쌓은 연결 모형의 수의 ☐입니다.

답 민주: _____, 희수: _____

1. 사탕을 지호는 ⑤개 가지고 있고, 민재는 지호의 ⑥배만큼 가지고 있습니다. 민재가 가지고 있는 사탕은 몇 개인가요?

5의 [ ]배는 $\underset{6번}{5+5+5+5+5+5}$ = [ ] 입니다.

따라서 민재가 가지고 있는 사탕은 [ ]개입니다.

답 _____

문제에서 숫자는 ○,
조건 또는 구하는 것은 ___로
표시해 보세요.

5의 6배는 5를 6번 더한
값을 말해요. 덧셈으로 구
해 봐요.

2. 과일 가게에 사과가 8상자 있고, 귤은 사과의 4배만큼 있습니다. 과일 가게에 있는 귤은 몇 상자인가요?

8의 [ ]배는

___ + ___ + ___ = ___ 입니다.

따라서 과일 가게에 있는 귤은 [ ] 입니다.

답 _____

3. 현수의 나이는 9살이고, 아버지의 나이는 현수의 나이의 5배와 같습니다. 아버지의 나이는 몇 살인가요?

9의 [ ]배는 [ ] 입니다.

따라서 [ ].

답 _____

위에서 연습한 대로
풀이 과정을 생각하며 써
봐요.

21 곱셈 알아보기

⭐ 딸기는 모두 몇 개인지 덧셈식과 곱셈식으로 나타내어 보세요.

1.

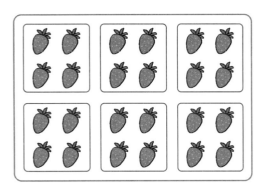

4씩 ⬜ 묶음 ➡ 4의 ⬜ 배

덧셈식 $4+4+4+4+4+4=$ ⬜

곱셈식 ⬜ × ⬜ = ⬜

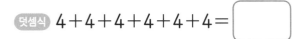

4의 6배를 4×6이라고 쓰고,
4 곱하기 6이라고 읽어요.

2.

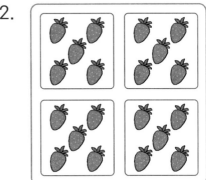

5씩 ⬜ 묶음 ➡ 5의 ⬜ 배

덧셈식 ⬜ + ⬜ + ⬜ + ⬜ = ⬜

곱셈식 ⬜ × ⬜ = ⬜

3.

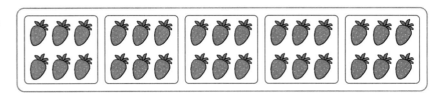

덧셈식 _____   곱셈식 _____

4.

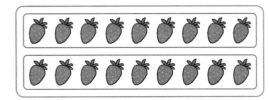

덧셈식 _____

곱셈식 _____

⭐ 사탕은 모두 몇 개인지 곱셈식으로 나타내어 보세요.

1.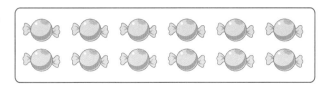

주어진 수만큼 묶어서 구해 봐요.

(1) ⟨2⟩ × ⟨6⟩ = ⟨　⟩ ➡ 2 곱하기 ⟨　⟩은 ⟨　⟩와 같습니다.

(2) ⟨3⟩ × ⟨　⟩ = ⟨　⟩ ➡ 3 ⟨　　　⟩ 4는 ⟨　⟩와 같습니다.

(3) ⟨6⟩ × ⟨　⟩ = ⟨　⟩ ➡ ⟨　　　　　　　　　⟩ .

2. (사탕 그림)

(1) ⟨3⟩ × ⟨8⟩ = ⟨　⟩ ➡ 3 ⟨　　　⟩ 8은 ⟨　⟩와 같습니다.

(2) ⟨8⟩ × ⟨　⟩ = ⟨　⟩ ➡ ⟨　　　　　　　　　⟩ .

(3) ⟨4⟩ × ⟨　⟩ = ⟨　⟩ ➡ ⟨　　　　　　　　　⟩ .

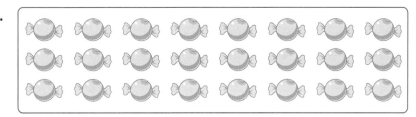
'4와 6의 곱은 24입니다.'라고 나타낼 수도 있어요.

1. 개수가 다른 채소는 무엇인가요?

- 고추의 수: $5+5+5+5$
- 감자의 수: 5×5
- 오이의 수: 5의 5배

- 고추의 수: $5+5+5+5$ ➡ $5 \times$ ☐
- 감자의 수: 5×5
- 오이의 수: 5의 5배 ➡ ☐ $\times$ ☐

따라서 개수가 다른 채소는 ☐ 입니다.

답 _____

문제에서 숫자는 ◯,
조건 또는 구하는 것은 ____로
표시해 보세요.

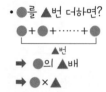

- ●를 ▲번 더하면?
  ●+●+……+●
  └─ ▲번 ─┘
  ➡ ●의 ▲배
  ➡ ●×▲

2. 개수가 다른 과일은 무엇인가요?

- 귤의 수: 4×6
- 사과의 수: $4+4+4+4+4+4+4$
- 바나나의 수: 4의 7배

- 귤의 수: 4×6
- 사과의 수: $4+4+4+4+4+4+4$ ➡ $4 \times$ ☐
- 바나나의 수: 4의 7배 ➡ ☐ $\times$ ☐

따라서 개수가 다른 과일은 .

답 _____

1. 민아가 읽은 책은 몇 권인가요?

> • 현수: 나는 책을 6권 읽었어.
>
> • 민아: 나는 현수의 3배만큼 책을 읽었어.

나는 책을 현수가 읽은 책의 수의 3배만큼 읽었어.

(민아가 읽은 책의 수) = (현수가 읽은 책의 수) × 3

민아가 읽은 책의 수를 [곱셈식]으로 나타내면

[6] × [3] = [6] + [ ] + [ ] = [ ] 입니다.

따라서 민아가 읽은 책은 [ ] 권입니다.

답 _____

2. 농장에 닭은 9마리가 있고, 오리는 닭의 3배만큼 있습니다. 농장에 있는 오리는 모두 몇 마리인가요?

농장에 있는 [ ]의 수는 [ ]의 수의 [ ]배입니다.

따라서 농장에 있는 오리는 모두

[ ] = [ ] = [ ] (마리)입니다.

답 _____

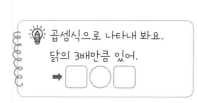

곱셈식으로 나타내 봐요.

닭의 3배만큼 있어.

➡ [ ][ ][ ]

22 곱셈식으로 나타내기

1. 감은 모두 몇 개인가요?

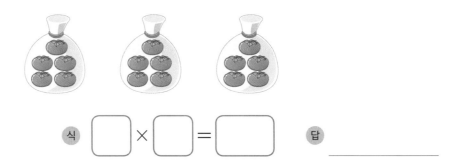

식 □ × □ = □   답 _____

2. 구슬은 모두 몇 개인가요?

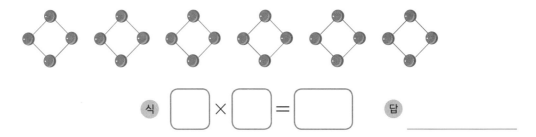

식 □ × □ = □   답 _____

3. 단춧구멍은 모두 몇 개인가요?

구멍이 2개인 단추가 9개 있어요.

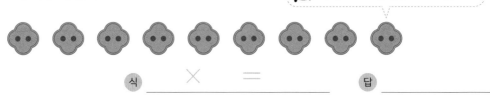

식 _____ × _____ = _____   답 _____

4. 하트 모양은 모두 몇 개인가요?

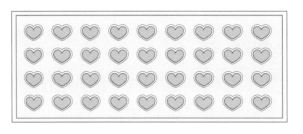

다양한 곱셈식으로
나타낼 수 있어요.
├ 4개씩 9묶음
├ 9개씩 4묶음
└ 6개씩 6묶음

식 _____   답 _____

1. 호랑이 한 마리의 다리는 **4**개입니다. 호랑이 **6**마리의 다리는 모두 몇 개인가요? 4×6

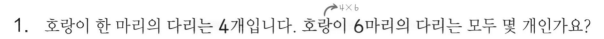

_____

2. 세발자전거가 **4**대 있습니다. 자전거 바퀴는 모두 몇 개인가요? 바퀴가 3개씩 4대 있어요.

_____

3. 한 봉지에 **8**개씩 들어 있는 과자가 **3**봉지 있습니다. 과자는 모두 몇 개인가요?

_____

4. 건영이네 반은 **5**명씩 **6**모둠입니다. 건영이네 반 학생은 모두 몇 명인가요?

_____

1. 마당에 닭이 ⑧마리, 강아지가 ③마리 있습니다. 마당에 있는 <u>닭과 강아지의 다리는 모두 몇 개</u>인가요?

문제에서 숫자는 ◯ , 조건 또는 구하는 것은 ____로 표시해 보세요.

• 닭의 다리: [　]개   • 강아지의 다리: [　]개

(닭의 다리 수)=2×[　]=[　](개)

(강아지의 다리 수)=4×[　]=[　](개)

따라서 마당에 있는 닭과 강아지의 다리는 모두

[　]+[　]=[　](개)입니다.

답 _____

2. 운동장에 남학생이 ⑤명씩 ③줄, 여학생이 ④명씩 ④줄로 서 있습니다. 운동장에 줄을 서 있는 학생은 모두 몇 명인가요?

(남학생 수)= 5 ×　 = 　 (명)

(여학생 수)= 　 × 　 = 　 (명)

따라서 운동장에 줄을 서 있는 학생은 모두

[　]　(명)입니다.

답 _____

그림으로 이해해 봐요.

1. ㉠은 ㉡의 몇 배인가요?

> • 4의 3배는 ㉠입니다.
> • 7의 ㉡배는 14입니다.

■의 ●배는
■씩 ●묶음과 같아요.

4의 3배는 □ × □ = □ 입니다.

➡ ㉠ = □

7+7 = □ 이므로 7의 □ 배는 14입니다.

➡ ㉡ = □

㉠은 ㉡씩 □ 묶음이므로 ㉠은 ㉡의 □ 배입니다.

답 _____

2. ㉠은 ㉡의 몇 배인가요?

> • 2의 6배는 ㉠입니다.
> • 9의 ㉡배는 27입니다.

2의 6배는 _____ 입니다. ➡ ㉠ = □

_____ + ____ + ____ =27이므로

9의 [　　　　　] 입니다. ➡ ㉡ = □

㉠은 ㉡씩 [　　묶음이므로　　　　　　　] .

답 _____

곱셈

1. 사탕은 모두 몇 개인지 ☐ 안에 알맞은 수를 써넣으세요.

2씩 ☐ 묶음이므로 사탕은 모두

☐ 개입니다.

2. 귤이 3개씩 8묶음 있습니다. 이 귤을 4개씩 다시 묶어 세면 몇 묶음인가요?

(   )

3. 28은 4의 몇 배인가요?

(   )

4. ㉠은 ㉡의 몇 배인가요?

> • 6의 8배는 ㉠입니다.
> • 9의 ㉡배는 54입니다.

(   )

5. 사탕을 지성이는 7개 가지고 있고, 효진이는 지성이의 6배를 가지고 있습니다. 효진이가 가지고 있는 사탕은 몇 개인가요?

(   )

6. 다음 쌓기나무의 개수의 9배만큼 쌓기나무를 쌓았습니다. 쌓은 쌓기나무는 모두 몇 개인가요?

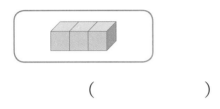

(   )

7. 농장에 닭은 5마리 있고, 오리는 닭의 5배만큼 있습니다. 농장에 있는 오리는 모두 몇 마리인가요?

(   )

8. 도넛이 한 상자에 6개씩 들어 있습니다. 5상자에 들어 있는 도넛은 모두 몇 개인가요?

(   )

9. 석진이네 반은 4명씩 8모둠입니다. 석진이네 반 학생은 모두 몇 명인가요?

(   )

10. 색종이를 민지는 9장씩 3묶음 가지고 있고, 승아는 7장씩 4묶음 가지고 있습니다. 누가 몇 장 더 많이 가지고 있나요?

(,   )

초등 수학 공부, 이렇게 하면 효과적!

"펑펑 내려야 눈이 쌓이듯 공부도 집중해야 실력이 쌓인다!"

학교 다닐 때는? **학기별 연산책 '바빠 교과서 연산'**

'바빠 교과서 연산'부터 시작하세요. 학기별 진도에 딱 맞춘 쉬운 연산 책이니까요! 방학 동안 다음 학기 선행을 준비할 때도 '바빠 교과서 연산'으로 시작하세요! 교과서 순서대로 빠르게 공부할 수 있어, 첫 번째 수학 책으로 추천합니다.

시험이나 서술형 대비는? **'나 혼자 푼다 바빠 수학 문장제'**

학교 시험을 대비하고 싶다면 '나 혼자 푼다 바빠 수학 문장제'로 공부 하세요. 너무 어렵지도 쉽지도 않은 딱 적당한 난이도로, 빈칸을 채우면 풀이 과정이 완성됩니다! 막막하지 않아요~ 요즘 학교 시험 풀이 과정을 손쉽게 연습할 수 있습니다.

방학 때는? **10일 완성 영역별 연산책 '바빠 연산법'**

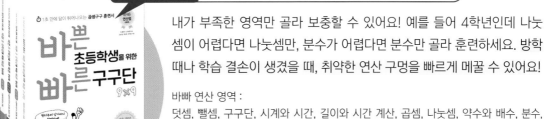

내가 부족한 영역만 골라 보충할 수 있어요! 예를 들어 4학년인데 나눗 셈이 어렵다면 나눗셈만, 분수가 어렵다면 분수만 골라 훈련하세요. 방학 때나 학습 결손이 생겼을 때, 취약한 연산 구멍을 빠르게 메꿀 수 있어요!

바빠 연산 영역 :
덧셈, 뺄셈, 구구단, 시계와 시간, 길이와 시간 계산, 곱셈, 나눗셈, 약수와 배수, 분수, 소수, 자연수의 혼합 계산, 분수와 소수의 혼합 계산, 평면도형 계산, 입체도형 계산, 비와 비례, 방정식, 확률과 통계

바빠 ^{시리즈} 초등 학년별 추천 도서

학년	학기별 연산책 바빠 교과서 연산 학기 중, 선행용으로 추천!	나 혼자 푼다 바빠 수학 문장 학교 시험 서술형 완벽 대비!
1학년	·바빠 교과서 연산 1-1 ·바빠 교과서 연산 1-2	·나 혼자 푼다 바빠 수학 문장제 1-1 ·나 혼자 푼다 바빠 수학 문장제 1-2
2학년	·바빠 교과서 연산 2-1 ·바빠 교과서 연산 2-2	·나 혼자 푼다 바빠 수학 문장제 2-1 ·나 혼자 푼다 바빠 수학 문장제 2-2
3학년	·바빠 교과서 연산 3-1 ·바빠 교과서 연산 3-2	·나 혼자 푼다 바빠 수학 문장제 3-1 ·나 혼자 푼다 바빠 수학 문장제 3-2
4학년	·바빠 교과서 연산 4-1 ·바빠 교과서 연산 4-2	·나 혼자 푼다 바빠 수학 문장제 4-1 ·나 혼자 푼다 바빠 수학 문장제 4-2
5학년	·바빠 교과서 연산 5-1 ·바빠 교과서 연산 5-2	·나 혼자 푼다 바빠 수학 문장제 5-1 ·나 혼자 푼다 바빠 수학 문장제 5-2
6학년	·바빠 교과서 연산 6-1 ·바빠 교과서 연산 6-2	·나 혼자 푼다 바빠 수학 문장제 6-1 ·나 혼자 푼다 바빠 수학 문장제 6-2

'바빠 교과서 연산'과
'바빠 수학 문장제'를
함께 풀면
한 학기 수학 완성!

바쁜 친구들이 즐거워지는
빠른 학습법

새 교육과정 반영

나 혼자 푼다

바빠 수학 문장제

막막하지 않아요~

✔ 정답 및 풀이

➕ 단원평가

100점

빈칸 을 채우면
풀이는 저절로 완성!

2-1
2학년 1학기

이지스에듀

정답 및 풀이

➕단원평가

첫째 마당 세 자리 수

01 백, 몇백, 세 자리 수

8쪽

1. 100
2. 10
3. 100
4. 100
5. 400
6. 7
7. 6, 9
8. 274
9. 925

9쪽

1. 쓰기 178　읽기 백칠십팔
2. 쓰기 645　읽기 육백사십오
3. 쓰기 508　읽기 오백팔
4. 쓰기 283　읽기 이백팔십삼
5. 쓰기 469　읽기 사백육십구
6. 쓰기 930　읽기 구백삼십

10쪽

1. 800, 800　답 800장
2. 500, 50, 색종이, 500　답 500장
3. 예 10이 70개이면 700이므로 배는 모두 700개 있습니다.　답 700개

11쪽

1. 500, 60, 2, 2 / 562　답 562원
2. 700, 8, 80, 4 / 784　답 784장
3. 예 100개씩 4상자이면 400개, 10개씩 2상자이면 20개이고, 낱개가 9개입니다.
   따라서 사탕은 모두 429개입니다.　답 429개

12쪽

1. 100, 13, 1, 3 / 630　답 630원
2. 10, 12, 1, 2 / 332　답 332원

02 각 자리의 숫자가 나타내는 수

13쪽

1. (1) 500　(2) 50　(3) 5
2. (1) 200　(2) 40　(3) 일, 3
3. (1) 백, 600　(2) 10　(3) 7
4. (1) 백, 400　(2) 십, 50　(3) 9

14쪽

1. 60
2. 8
3. 500
4. 90
5. 4
6. 200
7. 읽기 이백이십이　㉠ 200　㉡ 2
8. 읽기 칠백칠십칠　㉠ 700　㉡ 70
9. 읽기 구백구십구　㉠ 90　㉡ 9

15쪽

1. 452
2. 287
3. 716
4. 198
5. 쓰기 594　읽기 오백구십사

16쪽

1. 528
2. 264
3. 676

17쪽

1. 5 / 5, 8 / 8, 6　답 6
2. 4 / 4, 2, 작은, 2 / 십, 2, 5, 큰, 7　답 7

03 뛰어 세기

18쪽

1. 305, 505, 605, 805
2. 348, 448, 648, 748
3. 467, 567, 667, 767, 867
4. 536, 556, 566, 586
5. 394, 404, 414, 424
6. 851, 861, 871, 891, 901
7. 437, 439, 440, 441
8. 720, 721, 722, 724
9. 928, 929, 930, 931, 933

19쪽

1. 541, 641, 741 / 100
2. 538, 540, 541 / 1, 1
3. 204, 214, 234 / 1, 10씩 뛰어 세었습니다
4. 825, 625, 525 / 1, 100
5. 761, 760, 758 / 1, 1, 거꾸로
6. 370, 360, 340 / 1, 10, 거꾸로 뛰어 세었습니다

20쪽

1. 294, 304, 314 / 314
2. 415, 515, 615, 715
   / 100씩 4번 뛰어, 715
3. 842, 832, 822, 812 / 거꾸로, 812
4. 136, 135, 134, 133, 132, 131
   / 1씩 6번 거꾸로 뛰어, 131

21쪽

1. 10, 4 / 10, 십, 1, '작아집니다'에 ○ / 243
   답 243
2. 100, 3 / 100, 거꾸로, 백, 1, 작아집니다 / 446
   답 446

04 수의 크기 비교하기

22쪽

1. 십, 131, 128 / 많이, 현수   **답** 현수
2. 일, 258보다 더 작습니다 / 적게, 효주
   답 효주
3. **예** 백의 자리 수를 비교하면 316이 287보다 더
   큽니다. 따라서 도서관에 더 많은 책은 과학책입
   니다.   **답** 과학책

23쪽

1. 백 / 423, 342, 243 / 큰, 지훈   **답** 지훈
2. 백, 십 / 569, 573, 592 / 적은, 보라
   답 보라 초등학교

24쪽

1. 8, 3, 1 / 831, 138   **답** 831, 138
2. 7>5>2 / 752, 257   **답** 752, 257

25쪽

1. 6, 4, 2 / 864, 862   **답** 864, 862
2. 1, 3, 9 / 백, 0 / 103, 109   **답** 103, 109

첫째 마당 통과 문제   **26쪽**

1. 137   2. 285개   3. 10배
4. 634   5. 834   6. 813
7. 132   8. 현주   9. 동화책
10. 861, 148

3. ㉠이 나타내는 수는 50이고, ㉡이 나타내는 수는 5
   입니다. 5가 10개이면 50이므로 ㉠이 나타내는
   수는 ㉡이 나타내는 수의 10배입니다.
6. 10씩 뛰어 세면 십의 자리 숫자가 1씩 커집니다.
   7<u>6</u>3 - 7<u>7</u>3 - 7<u>8</u>3 - 7<u>9</u>3 - 8<u>0</u>3 - 8<u>1</u>3

7. 어떤 수는 1씩 6번 거꾸로 뛰어 센 수와 같습니다.
   1씩 거꾸로 뛰어 세면 일의 자리 숫자가 1씩 작아
   집니다.
   138−137−136−135−134−133−132
   따라서 어떤 수는 132입니다.

8.   준우   현주
     345 < 351
          └ 4<5 ┘

9. 백의 자리 수를 비교하면 203이 가장 큽니다.
   169와 182는 백의 자리 수가 같으므로 십의 자
   리 수를 비교하여 가장 작은 수부터 차례로 쓰면
   169<182<203입니다.
   따라서 가장 적게 들어 온 책은 동화책입니다.

10. • 가장 큰 수: 864   • 둘째로 큰 수: 861
    • 가장 작은 수: 146   • 둘째로 작은 수: 148

둘째 마당 여러 가지 도형

05 삼각형, 사각형, 원

28쪽

1. 삼각형   2. 사각형   3. 원
4. (왼쪽부터) 변, 꼭짓점, 변
5. (왼쪽부터) 꼭짓점, 변, 꼭짓점

29쪽

1. 나, 아   2. 라, 바, 타   3. 가, 차

30쪽

1. 3, 3 / 4, 4 / 3, 4, 7   답 7
2. 4 / 원, 4 / 변, 3 / 변, 4, ⓒ=3+4=7
   / 차, 7−4=3   답 3

31쪽

1. 4 / 4 / 4, 4, 8   답 8개
2. 4 / 4 / 1 / 4, 4, 1, 9   답 9개

06 쌓은 모양 알아보기

32쪽

1. 2, 1 / 3   2. 4, 1 / 5   3. 4, 1 / 5
4. 3, 1 / 4   5. 5, 1 / 6   6. 4, 1 / 5

33쪽

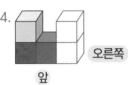

34쪽

1. 2, '왼쪽'에 ○, 1   2. 2, '앞'에 ○, 1
3. '계단'에 ○, 3, 2, 1   4. 2, 오른쪽, 3
5. 3, 위, 2

35쪽

1. 4, 2, 6 / 4, 1, 5 / 5, 진우   답 진우
2. 3, 2, 5개 / 3, 2, 1, 6개 / 6, 보혜
                                    답 보혜

07 똑같은 모양, 여러 가지 모양으로 쌓기

36쪽

1. 가, 나, 다   2. 나, 라
3. 가, 나, 다   4. 가, 라

37쪽

1.
2.
3.
4.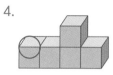
5.
6.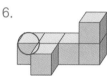
7.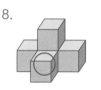
8.

38쪽

1. 4, 1, 5 / 4, 2, 6 / 경호　　　　　답 경호
2. ㉅ 1층에 4개, 2층에 1개로 모두 5개
　 / ㉅ 1층에 5개, 2층에 1개로 모두 6개 / 다예
　　　　　　　　　　　　　　　　답 다예

39쪽

1. '앞'에 ○, 1 / '위'에 ○, 1 / 1, 1, 2
　　　　　　　　　　　　　　　　답 2개
2. 앞, 1 / 오른쪽, 2 / 1, 2, 3　　답 3개

둘째 마당 통과 문제　　40쪽

1. 변, 꼭짓점　　2. 사각형　　3. 원
4. 7　　　　　　5. 5개　　　　6. 5개
7. ㉠　　　　　8. 정후　　　　9. 위, 1 / 앞, 1

4. • 사각형의 꼭짓점은 4개입니다. → ㉠=4
　• 삼각형의 변은 3개입니다. → ㉡=3
　➡ ㉠과 ㉡의 합은 4+3=7입니다.

---

5. • 1칸으로 이루어진 사각형: ①, ②, ③
　　→ 3개
• 2칸으로 이루어진 사각형: ②+③ → 1개
• 3칸으로 이루어진 사각형: ①+②+③ → 1개
➡ 찾을 수 있는 크고 작은 사각형은 모두
　3+1+1=5(개)입니다.

8. • 정후: 1층에 4개, 2층에 2개 → 4+2=6(개)
　• 하영: 1층에 4개, 2층에 1개 → 4+1=5(개)
➡ 쌓기나무를 더 많이 사용한 사람은 정후입니다.

셋째 마당 덧셈과 뺄셈

08 덧셈하기

42쪽

1. 10, 3 / 39, 3 / 42
2. 10, 20, 5, 9 / 30, 14 / 44
3. 11 / 51
4. 50, 12 / 62

43쪽

1. 46 /
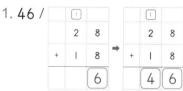
2. 106 /

3. 63　　　　　　　　4. 96
5. 149　　　　　　　6. 117
7. 45　　　　　　　　8. 90
9. 117

1. 19, 3, 22 　　　　　　　　　답 22마리
2. 17+4=21(마리) 　　　　　답 21마리
3. 오늘, 쪽수 / 어제, + / 36+8=44

　　　　　　　　　　　　　답 44쪽

1. 37, 6 / 43 　　　　　　　답 43살
2. 윤지, + / 84+25=109(번) 　답 109번
3. 닭 / +, 많은 / 78+31=109(마리)

　　　　　　　　　　　　　답 109마리

09 뺄셈하기

1. 20, 5 / 20, 5 / 15
2. 20, 8 / 30, 8 / 22
3. 20 / 13
4. 61, 50 / 11

1. 34 /

	4	10
	5	0
−	1	6
		4

➡

	4	10
	5	0
−	1	6
	3	4

2. 36 /

	7	10
	8	5
−	4	9
		6

➡

	7	10
	8	5
−	4	9
	3	6

3. 24　　　　　　　　4. 29
5. 28　　　　　　　　6. 59
7. 37　　　　　　　　8. 29
9. 55

1. 26, 8, 18 　　　　　　　답 18개
2. − / 50−12=38(개) 　　　답 38개
3. 남는 / 색종이, −, 사용한 / 80−24=56(장)

　　　　　　　　　　　　　답 56장

1. 48, <, 62 / 서이 / 62, 48, 14 / 서이, 14

　　　　　　　　　　　　답 서이, 14개
2. 56<84 / 준호 / 준호, 민아 / 84−56=28(개)
　 / 준호, 28 　　　　　　答 준호, 28개

10 덧셈과 뺄셈하기

1. 58, 19, 77 / 58, 77, 135 　답 135명
2. 준우 / 시아, + / 37+8=45(개)
　 / 37+45=82(개) 　　　답 82개

1. 27, 34, 61 / 25, 39, 64 / 61, <, 64 / 민지

　　　　　　　　　　　　답 민지
2. 문제 예 승현이와 효정이가 가지고 있는 돌의 수입니다. 가지고 있는 돌이 더 많은 사람은 누구인가요?

　　　　　　　　　　　　답 효정

1. 53, 24, 29 / 60, 33, 27 / 29, >, 27 / 은희

　　　　　　　　　　　　답 은희
2. 문제 예 민주와 정우가 가지고 있던 색종이와 남은 색종이의 수입니다. 사용한 색종이가 더 많은 사람은 누구인가요? 　　　답 정우

1. 3 / 20, 3, 17 / 20, 17, 37 　　　답 37명
2. 참새 / 비둘기, 8 / 27−8=19(마리)
　/ 27+19=46(마리) 　　　　답 46마리

11 세 수의 계산

1. 26 / 38, 5, 26 / 43, 26, 17 　　답 17개
2. 29, +, 53, −, 49 / 82, 49, 33
　　　　　　　　　　　　　答 33개
3. 17+34−25 / 51−25=26(개)
　　　　　　　　　　　　　답 26개

1. 34, 19, 15 / 53, 15, 38 / 38 　답 38마리
2. 23, +, 8, −, 14 / 31, 14, 17 / 17
　　　　　　　　　　　　　답 17명

1. 82, 65, 48 / 17, 48, 65 　　답 65송이
2. 50, −, 14, +, 7 / 36, 7, 43 　답 43개
3. 24−8+15 / 16+15=31(개)
　　　　　　　　　　　　　답 31개

1. 43, 18, 16 / 25, 16, 41 / 41
　　　　　　　　　　　　　답 41마리
2. 24, −, 9, +, 17 / 15+17 / 32
　/ 지금 버스에 타고 있는 사람은 32명입니다
　　　　　　　　　　　　　답 32명

12 덧셈과 뺄셈의 관계를 식으로 나타내기

1. 9, 8, 17
2. 17, 9, 8
3. 17, 8, 9
4. 9, 8, 17 ← 17, 9, 8
　　　　　　 17, 8, 9

1. 35, 19, 16 / 35, 16, 19
　설명 2 / 빼어지는 수
2. 23, 18, 41 / 18, 23, 41
　설명 2 / 계산 결과

1. 14 / 5, 9 / 5, 9, 14 / 14, 5, 9 / 14, 9, 5
　　　　　　　답 14−5=9, 14−9=5
2. 22 / 9, 13 / 덧셈식, 9+13=22 / 뺄셈식
　/ 22−9=13, 22−13=9
　　　　　　　답 22−9=13, 22−13=9

1. 15 / 27, 42 / 42, 27, 15
　/ 27, 15, 42 / 15, 27, 42
　　　　　　　답 27+15=42, 15+27=42
2. 12 / 26, 38 / 뺄셈식, 38−26=12 / 덧셈식
　/ 26+12=38, 12+26=38
　　　　　　　답 26+12=38, 12+26=38

62쪽

1. 식 $16+□=24$ 답 8
2. 식 $□+27=43$ 답 16
3. 식 $59+□=85$ 답 26
4. 식 $45-□=37$ 답 8
5. 식 $□-34=19$ 답 53
6. 식 $60-□=26$ 답 34

63쪽

1. 식 $7+□=13$ 답 6장
2. 식 $29+□=45$ 답 16쪽
3. 식 $22-□=7$ 답 15장
4. 식 $46-□=29$ 답 17명

64쪽

1. $14+□=23$ / $23-14$ / 9 / 9자루

답 9자루

2. $27+□=52$ / $52-27$ / 25

/ 준호에게 받은 딱지는 25장 답 25장

65쪽

1. $11-□=6$ / $11-6$ / 5 / 5개 답 5개
2. 사용한 병뚜껑의 수 / $40-□=14$ / $40-14$

/ 26 / 사용한 병뚜껑은 26개입니다

답 26개

66쪽

1. 더 사 온 도넛의 수 / $43+□=61$

/ $61-43$ / 18 / 18개 답 18개

2. 더 사 온 참외의 수 / $39+□=70$ / $70-39$

/ 31 / 더 사 온 참외는 31개입니다

답 31개

67쪽

1. 처음 혜수가 가지고 있던 구슬의 수

/ $□-23=18$ / $18+23$ / 41 / 41개

답 41개

2. 사용한 우유갑의 수 / $54-□=37$

/ $54-37$ / 17 / 사용한 우유갑은 17개입니다

답 17개

68쪽

1. $27, 63$ / $63, 27$ / $36, 36$ / 36 / 9

답 9

2. $□+16=81$ / $□=81-16$ / 65 / 65

/ $65-16=49$ 답 49

69쪽

1. $19, 25$ / $25, 19$ / $44, 44$ / 44 / 63

답 63

2. $43-□=16$ / $□=43-16$ / 27 / 27

/ $43+27=70$ 답 70

셋째 마당 통과 문제 **70쪽**

1. 65마리
2. 91
3. 34마리
4. 36권
5. $24, 59$
6. 38
7. 81
8. 식 $34+□=91$ 답 57개
9. 49개
10. 42명

2. 가장 큰 두 자리 수: 76
   가장 작은 두 자리 수: 15 ➡ $76+15=91$

5. 계산 결과가 가장 크려면 빼는 수가 가장 작아야 하므로 $83-24=59$입니다.

6. 어떤 수를 □로 하여 식으로 나타내면 $□+7=52$입니다.

   $□=52-7$, $□=45$이므로 어떤 수는 45입니다.

   따라서 바르게 계산한 값은 $45-7=38$입니다.

7. 어떤 수를 □로 하여 식으로 나타내면

　　□−18=45입니다.

　　□=45+18, □=63이므로 어떤 수는 63입니다.

　　따라서 바르게 계산한 값은 63+18=81입니다.

9. (남아 있는 감자의 수)

　　=64+17−32

　　=81−32=49(개)

10. (지금 수족관에 있는 어린이 수)

　　=70−43+15

　　=27+15=42(명)

넷째 마당 길이 재기

15 여러 가지 단위로 길이 재기

72쪽

1. 7　　　　　2. 9　　　　　3. 6

4. 3번입니다　　5. 풀로 4번입니다

73쪽

1. (1) 4, 2　　(2) '지우개'에 ○

　(3) '적어집니다'에 ○

2. (1) 6, 2　　(2) '크레파스'에 ○

　(3) '많아집니다'에 ○

74쪽

1. '짧습니다'에 ○ / 7, >, 5 / 우산　　답 우산

2. 깁니다 / 6>4 / 색연필　　답 색연필

3. 많을수록 길이가 더 깁니다 / 9<11 / 노란색 끈

　　　　　　　　　　　　　　답 노란색 끈

75쪽

1. '깁니다'에 ○ / 8, >, 6 / 준서　　답 준서

2. 많을 / 4>3 / 호수　　답 호수

16 1 cm 알기, 자로 길이 재기, 어림하기

76쪽

1. 쓰기 3 cm　　　　읽기 3 센티미터

2. 쓰기 5 cm　　　　읽기 5 센티미터

3. 1 / 1 cm

4. 2 / 2 cm

5. 4 / 4 cm

6. 6 / 6 cm

77쪽

1. 4, 2 / 2, 2 / 2　　　　　　　　답 2 cm

2. 3, 9, 6 / 1 cm가 6번, 6 cm / 6 cm

　　　　　　　　　　　　　　　　답 6 cm

78쪽

1. 6, 6 / 4, 4 / 파란색　　　　　답 파란색

2. 5번으로 5 cm / 6번으로 6 cm

　/ 길이가 더 짧은 끈은 보라색　답 보라색

79쪽

1. 3, 4 / 3 / 3　　　　　　　　답 약 3 cm

2. 5, 5 / 가깝게, 지호　　　　　답 지호

1. 건우　　　　2. 현서　　　　3. 현우
4. 윤지　　　　5. 선우　　　　6. 편의점
7. 윤석　　　　8. 4 cm　　　9. 약 12 cm
10. 효경

6. 같은 단위길이로 재었으므로 잰 횟수가 많을수록 거리가 멉니다.

　따라서 61>59>54이므로 연아네 집에서 가장 먼 장소는 편의점입니다.

7. 잰 횟수가 많을수록 단위길이가 더 짧습니다.

　따라서 14>13>12이므로 한 뼘의 길이가 가장 짧은 친구는 윤석입니다.

8. 크레파스의 길이는 자의 눈금 3부터 7까지 모두 4 칸으로 4 cm입니다.

10. 막대의 길이와 어림한 길이를 비교해 봅니다.

　• 준혁: $20-17=3$ (cm)
　• 효경: $22-20=2$ (cm)　⎫ $3 > 2$

　➡ 실제 길이에 더 가깝게 어림한 친구: 효경

다섯째 마당 **분류하기**

17 기준에 따라 분류하기

82쪽

1.

다리가 없는 동물	물고기
다리가 2개 있는 동물	참새, 닭, 까치, 펭귄
다리가 4개 있는 동물	고양이, 호랑이, 다람쥐, 코끼리, 개

2. 바퀴, 4, 2

83쪽

1.

구멍의 수	2개	4개
번호	①, ③, ④, ⑥, ⑨, ⑪	②, ⑤, ⑦, ⑧, ⑩, ⑫

2.

모양	원	하트	꽃
번호	①, ④, ⑦, ⑩	②, ⑨, ⑫	③, ⑤, ⑥, ⑧, ⑪

84쪽

1.

모양	삼각형	사각형	원
번호	①, ④, ⑦, ⑨, ⑬	③, ⑥, ⑩, ⑪, ⑮	②, ⑤, ⑧, ⑫, ⑭

2.

색깔	빨간색	노란색	초록색
번호	①, ②, ⑧, ⑨, ⑮	③, ⑦, ⑩, ⑪, ⑭	④, ⑤, ⑥, ⑫, ⑬

85쪽

1.

종류	글자	숫자
자석	ㄱ, ㄹ, ㅂ, ㅅ, ㅎ, ㄷ, ㅊ	3, 8, 6, 2, 7, 4

2.

색깔	빨간색	노란색	파란색
자석	ㄱ, ㄹ, 2, ㅎ, ㄷ	8, 4, ㅊ	3, 6, ㅂ, 7, ㅅ

3. 예 모양, 색깔

18 분류하여 세어 보기, 분류한 결과 말하기

86쪽

1.

날씨	맑은 날	흐린 날	비 온 날
날짜	1, 5, 7, 8, 9, 10, 12, 16, 18, 20, 22, 24, 26, 28, 30, 31	2, 4, 11, 13, 15, 17, 21, 23, 25, 27	3, 6, 14, 19, 29
날수(일)	16	10	5

87쪽

1.

다리의 수	0개	2개	4개
동물 이름	달팽이, 뱀, 돌고래, 상어	독수리, 앵무새, 참새	코끼리, 말, 기린, 호랑이, 양
동물의 수 (마리)	4	3	5

2. 초록색

88쪽

1.

종류	축구공	야구공	농구공
세면서 표시하기	////////////	//////////////	////////////
공의 수(개)	6	14	8

2. 축구공   3. 야구공

89쪽

1.

과일	오렌지	배	망고	사과	감
과일 수(개)	6	3	5	7	3

2. 24개   3. 사과
4. 감   5. 오렌지, 사과

 **통과 문제**   **90쪽**

1. '다른', '알맞지 않은'에 ○

2.

색깔	빨간색	노란색	파란색
세면서 표시하기	/////	////////	/////
블록 수(개)	5	8	5

3.

모양	삼각형	사각형	원
세면서 표시하기	//////	////	////////
블록 수(개)	6	4	8

4. 원

5.

계절	봄	여름	가을	겨울
친구 수(명)	7	4	6	3

6. 봄
7. 겨울

1. '좋아하는 블록'과 '좋아하지 않는 블록'은 분류하는 사람에 따라 달라지므로 분류 기준으로 알맞지 않습니다.

19 묶어 세어 보기

92쪽

1. (1) 6
   (2) 2, 4, 6, 8, 10, 12
   (3) 12
2. (1) 3
   (2) 5, 10, 15
   (3) 15
3. (1) 6
   (2) 3, 6, 9, 12, 15, 18
   (3) 18

93쪽

1. 5, 10
2. 9묶음, 27
3. 6묶음, 24
4. 2, 사탕은 모두 14개입니다
5. 예 8, 3 / 사탕은 모두 24개입니다

94쪽

1. 2, 6, 6, 8, 10, 12, 12
   / 12, 3−6−9−12, 4   답 4묶음
2. 4, 3, 8, 12, 12 / 12, 2자루씩,
   2−4−6−8−10−12, 6묶음입니다
                              답 6묶음

95쪽

1. 5, 2, 10, 10 / 3, 3, 3−6−9, 9
   / 10+9=19   답 19개
2. 4개씩 6묶음, 4−8−12−16−20−24,
   사탕은 모두 24개
   / 7개씩 3묶음, 7−14−21, 21개
   / 24+21=45   답 45개

20 몇의 몇 배 알아보기

96쪽

1. (왼쪽부터) 7, 7 / 2, 2
2. (왼쪽부터) 6, 3, 6 / 3, 6, 3
3. (왼쪽부터) 4, 3, 4, 3 / 3, 4, 3, 4

97쪽

1. (왼쪽부터) 1, 5 / 5
2. 1 / 3, 6 / 6
3. (왼쪽부터) 1, 3, 4 / 4
4. 돼지의 수의 4배입니다

98쪽

1. 2, 4, 4 / 2, 2묶음, 2   답 4배, 2배
2. 3개씩 2묶음, 2배 / 3개씩 3묶음, 3배
                                  답 2배, 3배

99쪽

1. 6, 30 / 30   답 30개
2. 4, 8+8+8+8=32 / 32상자
                                 답 32상자
3. 5, 9+9+9+9+9=45
   / 아버지의 나이는 45살입니다   답 45살

100쪽

1. 6, 6 / 24 / 4, 6, 24
2. 4, 4 / 5, 5, 5, 5, 20 / 5, 4, 20
3. 덧셈식 6+6+6+6+6=30
   곱셈식 6×5=30
4. 덧셈식 9+9=18
   곱셈식 9×2=18

101쪽

1. (1) 2, 6, 12 / 6, 12
   (2) 3, 4, 12 / 곱하기, 12
   (3) 6, 2, 12 / 6 곱하기 2는 12와 같습니다
2. (1) 3, 8, 24 / 곱하기, 24
   (2) 8, 3, 24 / 8 곱하기 3은 24와 같습니다
   (3) 4, 6, 24 / 4 곱하기 6은 24와 같습니다

102쪽

1. 4 / 5, 5 / 고추　　　답 고추
2. 7 / 4, 7 / 개수가 다른 과일은 귤입니다
　　　　　　　　　　　　　답 귤

103쪽

1. 곱셈식, 6, 3, 6, 6, 6, 18 / 18　　답 18권
2. 오리, 닭, 3 / 9×3, 9+9+9, 27
　　　　　　　　　　　　답 27마리

22 곱셈식으로 나타내기

104쪽

1. 식 5, 3, 15　답 15개
2. 식 4, 6, 24　답 24개
3. 식 2×9=18　답 18개
4. 식 4×9=36 (또는 9×4=36, 6×6=36)
   답 36개

105쪽

1. 24개　　　　　　　2. 12개
3. 24개　　　　　　　4. 30명

106쪽

1. 8, 16 / 3, 12 / 16, 12, 28　답 28개
2. 5×3=15 / 4×4=16 / 15+16=31
　　　　　　　　　　　　답 31명

107쪽

1. 4, 3, 12, 12 / 14, 2, 2 / 6, 6　답 6배
2. 2×6=12, 12 / 9+9+9, 3배는 27, 3
   / 4묶음이므로 ㉠은 ㉡의 4배입니다
　　　　　　　　　　　　답 4배

여섯째 마당 통과 문제　　　　108쪽

1. 8, 16　　2. 6묶음　　3. 7배
4. 8배　　　5. 42개　　　6. 27개
7. 25마리　8. 30개　　　9. 32명
10. 승아, 1장

2. 귤이 3개씩 8묶음이면
   3-6-9-12-15-18-21-24이므로
   귤은 모두 24개입니다.
   따라서 귤 24개를 4개씩 다시 묶어 세면
   4-8-12-16-20-24이므로 6묶음입니다.
4. • 6의 8배는 48입니다. → ㉠=48
   • 9의 6배는 54입니다. → ㉡=6
   ➡ 48은 6씩 8묶음이므로 ㉠은 ㉡의 8배입니다.
10. • (민지가 가지고 있는 색종이 수)
   　=9×3=27(장)
   • (승아가 가지고 있는 색종이 수)
   　=7×4=28(장)
   ➡ 27<28이므로 승아가
   　28-27=1(장) 더 많이 가지고 있습니다.

1. 100   2.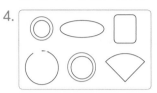

3. 254   4. <

5. (1) 538, 738, 938

   (2) 440, 460, 480, 500

6. (1) < (2) >   7. ㉠

8. '657'에 ○, '178'에 △   9. 845

10. **풀이** **예** 가장 큰 세 자리 수는 백의 자리 숫자
   부터 큰 숫자를 차례로 놓아 만듭니다. 따라서
   9>7>5>4이므로 가장 큰 세 자리 수는
   975입니다.
   답 975

4. 백 모형은 2개로 같으므로 십 모형의 수를 비교하
   면 3<4입니다. 따라서 237<242입니다.

5. (1) 2̲38−3̲48−4̲38에서 백의 자리 숫자가 1씩
   커졌으므로 100씩 뛰어 세는 규칙입니다.

   (2) 430에서 2번 뛰어 세었더니 20이 큰 450이
   되었으므로 10씩 뛰어 세는 규칙입니다.

6. (1) 507 ⟨<⟩ 570
   ⌊ 0<7 ⌋

   (2) 삼백오십칠은 357이고, 삼백구는 309입니다.
   357 ⟨>⟩ 309
   ⌊ 5>0 ⌋

7. ㉠은 700, ㉡은 70, ㉢은 7을 나타내므로 숫자 7
   이 나타내는 수가 가장 큰 것은 ㉠입니다.

8. 백의 자리 수를 비교하여 가장 큰 수부터 차례로 쓰
   면 657, 493, 364, 204, 178입니다.
   따라서 657에 ○, 178에 △를 합니다.

9. • 백의 자리 숫자가 8이므로 십의 자리 숫자는 8보
   다 4만큼 더 작은 수인 4입니다.
   • 일의 자리 숫자는 4보다 1만큼 더 큰 수인 5입니다.
   ➡ 조건을 만족하는 세 자리 수는 845입니다.

1. 가, 마   2. 나, 라

3. (위에서부터) 변, 꼭짓점

4.

5. 사각형   6. ㉡, ㉠, ㉢

7. (○) (   )   8. 위, 2   9.

10. **풀이** **예** 왼쪽 쌓기나무는 모두 3개이고, 오른
   쪽 쌓기나무는 모두 6개입니다. 따라서 오른
   쪽 모양과 똑같이 쌓기 위해서는 쌓기나무가
   6−3=3(개) 더 필요합니다.
   답 3개

1. 삼각형은 변과 꼭짓점이 3개인 곧은 선으로 둘러싸
   인 도형입니다. 따라서 삼각형은 가, 마입니다.

2. 사각형은 변과 꼭짓점이 4개인 곧은 선으로 둘러싸
   인 도형입니다. 따라서 사각형은 나, 라입니다.

3. 삼각형과 사각형에서 곧은 선을 변, 두 곧은 선이 만
   나는 점을 꼭짓점이라고 합니다.

4. 곧은 선이 없고, 어느 곳에서 보아도 완전히 둥근 모
   양을 찾습니다.

6. ㉠은 삼각형이므로 변의 수는 3입니다.
   ㉡은 사각형이므로 변의 수는 4입니다.
   ㉢은 원이므로 변의 수는 0입니다.
   따라서 4>3>0이므로 변의 수가 많은 도형부터
   차례로 기호를 쓰면 ㉡, ㉠, ㉢입니다.

7. 사용한 쌓기나무의 개수를 층별로 구합니다.
   • 왼쪽: 1층 3개, 2층 2개 → 5개
   • 오른쪽: 1층 3개, 2층 2개, 3층 1개 → 6개
   ➡ 쌓기나무 5개로 쌓은 모양은 왼쪽 쌓기나무입니다.

1. 21
2. 16
3. (1) 107 (2) 52
4. **합** 101 **차** 59
5.

$$68+6-5=\boxed{69}$$

$$\boxed{74}$$

$$\boxed{69}$$

6. >
7. 133
8. 49, 38 / 38, 49
9. (1) 29 (2) 36
10. **풀이** **예** $75-48=27$이므로 동희가 가지고 있는 사탕 수가 예지가 가지고 있는 사탕 수와 같아지려면 사탕은 27개 더 필요합니다.
    답 27개

1. 일 모형 4개와 일 모형 7개를 더하면 일 모형 11개가 됩니다. 일 모형 10개를 십 모형 1개로 바꾸면 십 모형 2개, 일 모형 1개가 됩니다.
   ➡ $14+7=21$(개)
2. 차는 큰 수에서 작은 수를 빼서 구합니다.
   ➡ $51-35=16$
6. • $84-17=67$
   • $54+37-28=91-28=63$
   ➡ $67>63$
7. 일의 자리에서 받아올림한 수를 계산하지 않았습니다.
8. $49+38=87$ $49+38=87$

   $87-49=38$ $87-38=49$
9. (1) $13+\square=42$, $\square=42-13$, $\square=29$
   (2) $\square+15=51$, $\square=51-15$, $\square=36$

1. **쓰기** | cm   **읽기** | 센티미터
2. 3번
3. ├───┼───┼───┼───┤
4. 2 cm
5. 상규
6. ㉢
7. ㉡
8. 14 cm
9. 민규
10. **풀이** **예** 뼘으로 잰 횟수가 많을수록 키가 큽니다. 따라서 13>12>11이므로 키가 가장 큰 친구는 지연입니다.
    답 지연

2. 연필의 길이는 크레파스로 3번 재었습니다.
3. 3 cm는 1 cm가 3번입니다.
4. 옷핀의 길이는 자의 눈금 3부터 5까지 모두 2칸이고, 1 cm가 2번이면 2 cm입니다.
   따라서 옷핀의 길이는 2 cm입니다.
5. 크레파스의 길이는 1 cm가 4번에 더 가까우므로 약 4 cm입니다.
   따라서 실제 길이에 더 가깝게 어림한 친구는 상규입니다.
6. |▬▬▬| 가 6번 들어가는 선을 찾으면 ㉢입니다.
7. 색연필로는 색연필보다 더 짧은 물건의 길이를 잴 수 없습니다.
8. 종이집게의 길이는 2 cm이고 연필의 길이는 2 cm가 7번입니다.
   따라서 연필의 길이는 14 cm입니다.
9. 연결 모형의 수가 많을수록 연결한 연결 모형의 길이가 더 깁니다.
   따라서 5>4>3이므로 가장 길게 연결한 친구는 민규입니다.

1. 색깔

2.

모양			
수(개)	4	3	2

3.

구멍의 수	1개	2개
수(개)	7	8

4.

색깔	노란색	보라색	초록색
수(개)	4	6	5

5.

모양	♡	□	△	☆
수(개)	5	3	3	4

6.

동물	강아지	고양이	햄스터
세면서 표시하기	/////	////	///
학생 수(명)	5	3	2

7. 강아지

8. 햄스터

9. 예 색깔 / 모양

10. 분류 기준 색깔

설명 예 카드를 빨간색, 초록색 2가지 색깔로 분류할 수 있습니다.

7. 5>3>2이므로 가장 많은 학생이 좋아하는 동물은 강아지입니다.

8. 2<3<5이므로 가장 적은 학생이 좋아하는 동물은 햄스터입니다.

9. 블록을 색깔에 따라 분류하거나 모양에 따라 분류할 수 있습니다.

1. 2, 4, 6, 8, 10

2. 3묶음

3. 15마리

4. ㉡

5. 3 / 3, 12

6. ㉣

7. (1) 36 (2) 35

8. 15개

9. 3

10. 풀이 예 윤우가 가지고 있는 사탕의 수는 성희가 가지고 있는 사탕의 수의 3배입니다. 따라서 윤우가 가지고 있는 사탕은 7×3=21(개)입니다.

답 21개

3. 5씩 3묶음은 5×3=5+5+5=15이므로 물고기는 모두 15마리입니다.

4. ㉠ 2+2+2+2+2+2는 2×6과 같습니다.
㉡ 3+3+3+3은 3×4와 같습니다.
㉢ 5+5+5+5+5는 5×5와 같습니다.

6. 8의 3배
➡ 8+8+8 …… ㉠
➡ 8×3 …… ㉡
➡ 8씩 3묶음 …… ㉢
➡ 8 곱하기 3
따라서 8의 3배와 다른 하나는 ㉣입니다.

7. (1) 6의 6배
➡ 6×6=6+6+6+6+6+6
=36
(2) 5의 7배
➡ 5×7=5+5+5+5+5+5+5
=35

8. 쌓기나무는 3개입니다. 3의 5배는 3×5이고, 3×5=3+3+3+3+3=15입니다.
따라서 쌓기나무는 모두 15개가 필요합니다.

9. 8+8+8=24이므로 8×3=24입니다.
따라서 ㉠에 알맞은 수는 3입니다.

점수   / 100

한 문제당 10점

1. 다음이 설명하는 수를 쓰세요.

> • 10이 10개인 수입니다.
> • 99보다 1만큼 더 큰 수입니다.

(   )

4. 두 수의 크기를 비교하여 ◯ 안에 >, =, <를 알맞게 써넣으세요.

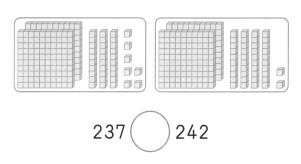

237 ◯ 242

2. 관계있는 것끼리 이어 보세요.

100이 5개	•	•	팔백
100이 8개	•	•	삼백
300	•	•	오백

3. 수 모형이 나타내는 수를 쓰세요.

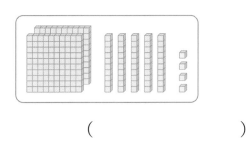

(   )

5. 뛰어 세는 규칙을 찾아 빈칸에 알맞은 수를 써넣으세요.

(1) 238 - 348 - 438 - ▢
    ▢ - 838 - ▢ - 638

(2) 430 - ▢ - 450 - ▢
    ▢ - 490 - ▢ - 470

6. ○ 안에 >, =, <를 알맞게 써넣으세요.

(1) 507 ◯ 570

(2) 삼백오십칠 ◯ 삼백구

7. 숫자 7이 나타내는 수가 가장 큰 것을 찾아 기호를 쓰세요.

$$\underset{\text{㉠}}{7} \quad \underset{\text{㉡}}{7} \quad \underset{\text{㉢}}{7}$$

(   )

8. 가장 큰 수에 ○, 가장 작은 수에 △를 하세요.

204   178   364   657   493

9. 다음 조건을 만족하는 세 자리 수를 쓰세요.

- 백의 자리 숫자는 8입니다.
- 십의 자리 숫자는 백의 자리 숫자보다 4만큼 더 작은 수입니다.
- 일의 자리 숫자는 십의 자리 숫자보다 1만큼 더 큰 수입니다.

(   )

서술형 문제

10. 수 카드를 한 번씩만 사용하여 가장 큰 세 자리 수를 만들려고 합니다. 풀이 과정을 쓰고, 답을 구하세요.

7   5   9   4

풀이 _____

_____

_____

_____

답 _____

점수   / 100

[1~2] 도형을 보고 물음에 답하세요.

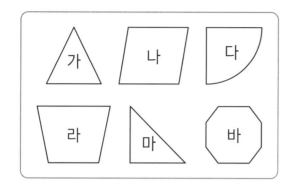

1. 삼각형을 모두 찾아 기호를 쓰세요.

(　　　　　)

2. 사각형을 모두 찾아 기호를 쓰세요.

(　　　　　)

3. ☐ 안에 알맞은 말을 써넣으세요.

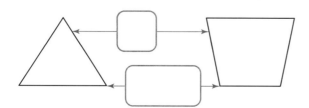

4. 원을 모두 찾아 ○를 하세요.

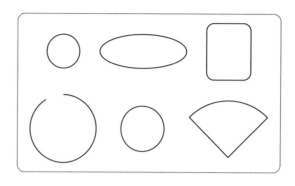

5. 다음에서 설명하는 도형의 이름을 쓰세요.

> • 곧은 선 **4**개로 둘러싸인 도형입니다.
> • 꼭짓점이 **4**개입니다.

(　　　　　)

6. 변의 수가 많은 도형부터 차례로 기호를 쓰세요.

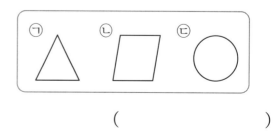

(　　　　　)

※정답 및 풀이는 14쪽을 확인하세요.

7. 쌓기나무 **5**개로 쌓은 모양을 찾아 ○를 하세요.

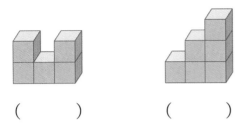

(   )   (   )

9. 왼쪽 모양에서 쌓기나무 **1**개를 빼어 오른쪽 모양과 똑같이 만들려고 합니다. 왼쪽 모양에서 빼야 하는 쌓기나무를 찾아 ○를 하세요.

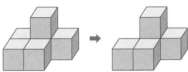

서술형 문제

10. 왼쪽 모양에 쌓기나무 몇 개를 더 쌓아 오른쪽 모양과 똑같이 만들려고 합니다. 쌓기나무가 몇 개 더 필요한지 풀이 과정을 쓰고, 답을 구해 보세요.

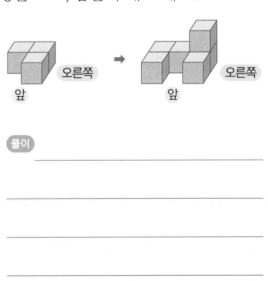

풀이 _____

_____

_____

_____

답 _____

8. 쌓은 모양을 바르게 나타내도록 ☐ 안에 알맞은 말이나 수를 써넣으세요.

오른쪽
앞

> **1**층에 쌓기나무 **3**개가 옆으로 나란히 있고, 가운데 쌓기나무 ☐ 에 쌓기나무 ☐ 개가 있습니다.

3. 덧셈과 뺄셈

점수   / 100

한 문제당 10점

1. 그림을 보고 ☐ 안에 알맞은 수를 써넣으세요.

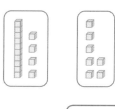

$14+7=$ ☐

2. 빈칸에 두 수의 차를 써넣으세요.

51	35

3. 계산을 하세요.

(1)
```
   7 3
 + 3 4
-------
```

(2)
```
   8 1
 - 2 9
-------
```

4. 두 수의 합과 차를 각각 구하세요.

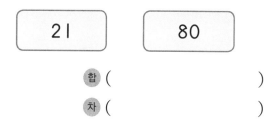

합 (   )

차 (   )

5. ☐ 안에 알맞은 수를 써넣으세요.

$68+6-5=$ ☐

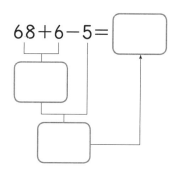

6. ◯ 안에 >, =, <를 알맞게 써넣으세요.

$84-17$ ◯ $54+37-28$

※정답 및 풀이는 15쪽을 확인하세요.

7. 계산에서 잘못된 곳을 찾아 바르게 고쳐 보세요.

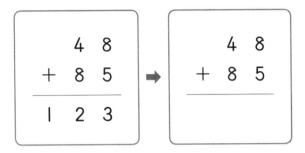

9. ☐ 안에 알맞은 수를 써넣으세요.

(1) $13 + \boxed{} = 42$

(2) $\boxed{} + 15 = 51$

8. 그림을 보고 ☐ 안에 알맞은 수를 써넣으세요.

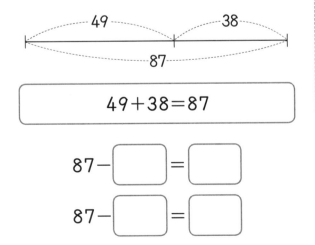

$49 + 38 = 87$

$87 - \boxed{} = \boxed{}$

$87 - \boxed{} = \boxed{}$

서술형 문제

10. 사탕을 동희는 48개, 예지는 75개 가지고 있습니다. 동희가 가지고 있는 사탕 수가 예지가 가지고 있는 사탕 수와 같아지려면 몇 개가 더 필요한지 풀이 과정을 쓰고, 답을 구하세요.

풀이

답

점수 / 100

한 문제당 10점

1. 주어진 길이를 쓰고 읽어 보세요.

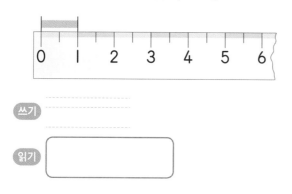

쓰기 ....

읽기

2. 연필의 길이는 크레파스로 몇 번인가요?

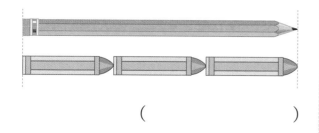

( )

3. 한 칸의 길이가 1 cm일 때 주어진 길이만큼 점선을 따라 선을 그어 보세요.

3 cm

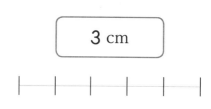

4. 옷핀의 길이는 몇 cm인가요?

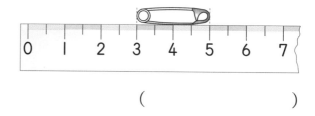

( )

5. 크레파스의 길이를 실제 길이에 더 가깝게 어림한 친구는 누구인가요?

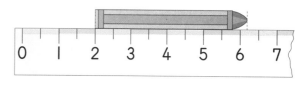

상규	지오
약 5 cm	약 6 cm

( )

6. 길이가 6 cm인 선을 찾아 기호를 쓰세요.

ㄱ

ㄴ

ㄷ

(   )

7. 색연필을 단위로 길이를 잴 수 없는 것을 찾아 기호를 쓰세요.

ㄱ 책상의 높이
ㄴ 클립의 길이
ㄷ 칠판의 긴 쪽의 길이

(   )

8. 길이가 2 cm인 종이집게를 사용하여 연필의 길이를 재었더니 종이집게로 7번이었습니다. 연필의 길이는 몇 cm인가요?

(   )

9. 네 명의 친구들이 연결 모형으로 모양 만들기를 하였습니다. 가장 길게 연결한 친구는 누구인가요?

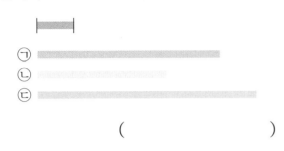

수정   민규   재호

(   )

서술형 문제

10. 현주는 뼘으로 친구들의 키를 재었습니다. 가장 키가 큰 친구는 누구인지 풀이 과정을 쓰고, 답을 구하세요.

세호	지연	경준
11뼘	13뼘	12뼘

풀이

_____

_____

_____

답 _____

1. 돌을 다음과 같이 분류하였습니다. 분류 기준을 써 보세요.

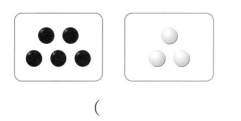

(   )

2. 물건을 분류하고 그 수를 세어 보세요.

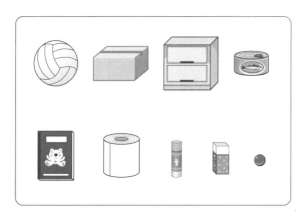

모양	⬜	🛢️	🔵
수(개)			

[3~5] 재희가 가지고 있는 단추입니다. 물음에 답하세요.

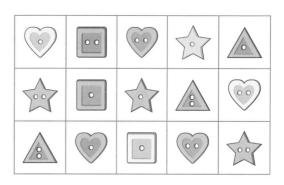

3. 구멍의 수에 따라 분류하고 그 수를 세어 보세요.

구멍의 수	1개	2개
수(개)		

4. 색깔에 따라 분류하고 그 수를 세어 보세요.

색깔	노란색	보라색	초록색
수(개)			

5. 모양에 따라 분류하고 그 수를 세어 보세요.

모양	♡	□	△	☆
수(개)				

[6~8] 윤지네 모둠 학생들이 좋아하는 동물입니다. 물음에 답하세요.

| 강아지 | 고양이 | 강아지 | 고양이 | 햄스터 |
| 강아지 | 고양이 | 햄스터 | 강아지 | 강아지 |

6. 기준에 따라 분류하고 그 수를 세어 보세요.

동물	강아지	고양이	햄스터
세면서 표시하기	~~///~~/	~~///~~/	~~//~~/
학생 수(명)			

7. 가장 많은 학생이 좋아하는 동물은 무엇인가요?

( )

8. 가장 적은 학생이 좋아하는 동물은 무엇인가요?

( )

9. 블록을 분류할 수 있는 기준을 써 보세요.

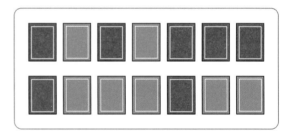

분류 기준 1 _____

분류 기준 2 _____

서술형 문제
10. 카드를 어떻게 분류하여 정리하면 좋을지 설명해 보세요.

분류 기준 _____

설명 _____

_____

_____

점수   / 100

한 문제당 10점

1. 사과는 모두 몇 개인지 2개씩 묶어 세어 보세요.

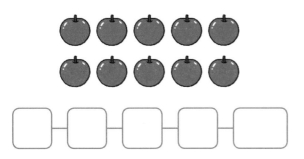

4. 덧셈식을 곱셈식으로 잘못 나타낸 것을 찾아 기호를 쓰세요.

ㄱ 2+2+2+2+2+2=2×6
ㄴ 3+3+3+3=3×3
ㄷ 5+5+5+5+5=5×5

(   )

[2~3] 물고기는 모두 몇 마리인지 묶어 세어 보려고 합니다. 물음에 답하세요.

2. 5씩 몇 묶음인가요?

(   )

3. 물고기는 모두 몇 마리인가요?

(   )

5. □ 안에 알맞은 수를 써넣으세요.

4씩 3묶음은 4의 □ 배이고,

4×□=□ 입니다.

공부한 날   월   일

6. 8의 3배와 다른 하나를 찾아 기호를 쓰세요.

> ㉠ 8+8+8
> ㉡ 8×3
> ㉢ 8씩 3묶음
> ㉣ 3 곱하기 6

(   )

7. □ 안에 알맞은 수를 써넣으세요.

(1) 6의 6배는 [   ] 입니다.

(2) 5의 7배는 [   ] 입니다.

8. 쌓기나무의 개수의 5배만큼 쌓으려면 쌓기나무는 모두 몇 개가 필요한가요?

(   )

9. ㉠에 알맞은 수를 구하세요.

> 8×㉠=24

(   )

서술형 문제

10. 사탕을 성희는 7개 가지고 있고, 윤우는 성희의 3배만큼 가지고 있습니다. 윤우가 가지고 있는 사탕은 몇 개인지 풀이 과정을 쓰고, 답을 구하세요.

풀이 _____

_____

_____

_____

답 _____